锦鲤

养殖与鉴赏大全

主编　朱文锦

河南科学技术出版社
·郑州·

图书在版编目（CIP）数据

锦鲤养殖与鉴赏大全 / 朱文锦主编 .-- 郑州：河南科学技术出版社，
2024.10. -- ISBN 978-7-5725-1763-1

Ⅰ. S965.812

中国国家版本馆 CIP 数据核字第 20247BQ521 号

出版发行：河南科学技术出版社

地址：郑州市郑东新区祥盛街27号　邮编：450016

电话：（0371）65737028　65788613

网址：www.hnstp.cn

邮箱：hnstpnys@126.com

策划编辑：杨秀芳

责任编辑：杨秀芳

责任校对：臧明慧

整体设计：张　伟

责任印制：徐海东

印　　刷：河南瑞之光印刷股份有限公司

经　　销：全国新华书店

开　　本：720 mm × 1 020 mm　1/16　印张：10　字数：200千字

版　　次：2024年10月第1版　2024年10月第1次印刷

定　　价：69.00元

如发现印、装质量问题，影响阅读，请与出版社联系并调换。

本书编写人员名单

主　编　朱文锦

副主编　吕　军　武国兆　王健华

编　者　李　泓　田　雪　吴丽莉　谢国强

　　　　庄芾思　闫丽萍　王兆平　黄国稳

前 言

　　色彩艳丽、灵动游弋的锦鲤被誉为"水中的活宝石"。锦鲤在美化环境的同时，还能舒缓人们紧张工作带来的压力，怡心养性；自古锦鲤被视为祥瑞之物，有吉祥、和平、好运的寓意，寄托着人们对美好生活的憧憬和向往。锦鲤正以它独特的魅力，吸引着越来越多热爱生活的人们。多元化的市场需求促进了锦鲤养殖业的蓬勃发展，锦鲤养殖已成为水产特色产业，成为农业转方式调结构的新亮点、新业态。

　　锦鲤起源于中国，改革开放之后锦鲤养殖及相关行业在全国迅猛发展。河南省地处中原，是华夏文明和中华民族的发祥地之一，自夏朝起先后有 20 多个朝代在此建都，锦鲤文化历史悠久，锦鲤养殖方兴未艾。目前河南省锦鲤养殖面积近 4 万亩，养殖产量占全国近半，是全国最大的锦鲤养殖集散地。锦鲤养殖也是助力乡村振兴、农民脱贫致富的支柱产业，但存在着养殖面积大、精品率低、血统不纯、产业链不完善等问题。为此，我们根据科研工作成果、示范推广经验、交流学习心得，结合全国锦鲤养殖状况编撰本书。我们收集了大量资料，对锦鲤发展、分类、鉴赏、养殖等提出自己的观点，本书是我们多年来对锦鲤养殖学术研究、技术推广经验的结晶，希望对广大科研人员、专业养殖人士、锦鲤爱好者提供参考，唤起公众认识锦鲤、热爱锦鲤、鉴赏锦鲤的热情，为锦鲤产业发展做出贡献。本书的出版得到了河南省渔业协会的帮助，在此一并表示感谢。

　　基于对锦鲤的热爱和锦鲤产业高质量发展的追求，撰写本书，由于编者水平有限和时间仓促，书中难免有不妥之处，敬请读者批评指正。

朱文锦

2024 年 5 月

目 录

第一章　锦鲤的发展与生态学特性 ···················· 1

第一节　概述 ······································· 2

第二节　锦鲤的生态学特性 ······················· 6

第二章　锦鲤的鉴赏、分类与分级 ·············· 9

第一节　锦鲤的鉴赏 ····························· 10

第二节　锦鲤的分类 ····························· 15

第三节　锦鲤的分级 ····························· 48

第三章　锦鲤的养殖技术 ······················ 53

第一节　养殖用水和养殖容器 ····················· 54

第二节　池塘养殖锦鲤 ··························· 60

第三节　漏斗型池塘循环水养殖锦鲤 ··············· 66

第四节　大棚饲养锦鲤 ··························· 72

第五节　稻田养殖锦鲤 ··························· 74

第六节　庭院养殖锦鲤 ··························· 77

第七节　公园养殖锦鲤 ··························· 82

第四章　锦鲤人工繁殖与苗种培育技术 ·········· 87

第一节　后备亲鱼培养 ··························· 88

第二节　锦鲤的人工繁殖 ························· 90

第三节　锦鲤的孵化 ····························· 92

第四节　鱼苗培育 ······························· 94

第五章　水族箱养殖锦鲤 ···························· 97

第一节　水族箱的结构 ······························ 98

第二节　水族箱养殖锦鲤技术 ······················ 107

第六章　锦鲤疾病与防治 ···························· 113

第一节　锦鲤疾病发生的原因 ······················ 114

第二节　锦鲤疾病的预防措施 ······················ 117

第三节　锦鲤疾病的治疗原则 ······················ 122

第四节　锦鲤疾病的检测 ·························· 123

第五节　锦鲤疾病的早期症状 ······················ 124

第六节　锦鲤疾病的治疗方法 ······················ 125

第七节　锦鲤常见疾病防治 ························ 127

第一章

锦鲤的发展与生态学特性

第一节　概述

随着社会经济的发展，人们在物质需求不断被满足的同时，对精神生活的追求日益迫切，色彩艳丽、婀娜多姿的观赏鱼被誉为"一幅游动的风景画"，从而有"养鱼一缸，胜服参汤"之说；锦鲤花园，山水美景、游鱼戏石，让人尽情享受回归自然的妙趣。观赏鱼在美化环境的同时，还能舒缓人们因紧张工作带来的压力，怡心养性，陶冶情操。锦鲤一直是吉利的象征，寄托了人们对幸福吉祥美好生活的期盼。

观赏鱼大致分为四大类：锦鲤、金鱼、热带淡水鱼、热带海水鱼及其他观赏鱼，世界已知的观赏鱼种类约 1 600 种。锦鲤是我国观赏鱼人工养殖的主要品种。纵观近年来国内外锦鲤市场，锦鲤养殖面临着良好的发展机遇和增长空间，是富有活力的朝阳产业，具有广阔的发展前景。锦鲤养殖业在我国部分地区已成为渔业转型升级、助推乡村振兴的支柱产业。

一、发展情况

我国锦鲤养殖历史悠久，据说始于唐代，后来传播到日本，在日本经过不断发展，锦鲤已成为日本的国鱼。1973 年日本首相田中角荣把锦鲤作为礼物赠送给周恩来总理，1983 年广州金涛企业首次将日本锦鲤引入中国进行养殖。随着我国改革开放，锦鲤养殖在国内迅速发展。锦鲤现已开发 13 个大类 126 个品种，上等锦鲤每尾价格数万元乃至千万元。广东省等地注重品质提升，每年从日本引进高档日本锦鲤繁育、选育，通过举办一年一度的锦鲤大赛，邀请日本、东南亚等国际裁判，推动全国锦鲤产业的发展。北京、上海、江苏徐州、山东高唐、河南郑州都通过举办观赏鱼大赛，让更多人接触锦鲤、认识锦鲤、喜爱锦鲤，进而赏玩锦鲤。

近几年，随着社会经济的发展和人们购买力逐步提高、居住条件不断改善，各种高档精品锦鲤开始进入家庭，鱼缸越来越高级，有的直接作为室内装修的一部分，有条件的甚至耗资数十万元在庭院修建锦鲤鱼池。

二、市场情况

据《中国渔业统计年鉴》统计，我国近年来观赏鱼养殖情况：2019 年观赏鱼养殖产量 39.25 亿尾，2020 年 44.40 亿尾，2021 年 37.86 亿尾，是世界观赏鱼养殖大国。目前国内锦鲤养殖发达的地区是广东、福建等沿海发达地区，那儿有数量较多的规模化精品锦鲤养殖场，成为出口和国内市场的主要生产引领基地。

河南省地处中原，四季分明，冷暖适中，气候适宜；区位优势明显——"米"字形高铁延伸全国，高速公路四通八达，得天独厚的地理位置优势和自然条件是观赏鱼发展的基础。据统计，截至 2023 年 12 月河南省观赏鱼养殖面积 4 万多亩，占全省养殖水面 188 万亩的 2.1%；养殖产值 5 亿多元，占全省水产品养殖产值 220 亿元的 2.3%。全省养殖观赏鱼面积最大的市是南阳市，养殖面积排前两位的县（市）是南阳市镇平县、新乡市长垣县。养殖品种锦鲤占 70%，金鱼占 22%，热带鱼、红草鱼等占 8%。镇平县观赏鱼养殖面积 17 000 亩，养殖主要品种是锦鲤和金鱼，养殖产量高，是全国著名的锦鲤养殖集散地。

镇平县锦游观赏鱼养殖农民专业合作社是河南省知名的锦鲤养殖龙头企业，总经理李长彦 2018 年当选为镇平县侯集镇向寨村支部书记，带领全村发展锦鲤养殖，近几年通过"锦鲤养殖＋互联网"模式，家家户户通过拼多多、抖音、淘宝等平台进行网上销售，将养殖的锦鲤推向全国市场。为方便电商销售，总经理李长彦联系顺丰、圆通、申通、韵达等快递公司在当地设立销售网点，辐射带动周边的安子营、郭庄、黑龙集等进行"锦鲤养殖＋互联网"，平均每天电商销售观赏鱼 1 万件左右，年销售产值突破亿元。向寨村村民用勤劳的双手成就了自己的"锦鲤人生"，成为河南省名副其实的"锦鲤之村"。

电商销售

三、存在问题

锦鲤养殖自改革开放以来发展很快，取得较大成效，但也存在着不少问题，主

要问题如下。

（一）基础设施较差，配套能力不足

部分锦鲤养殖池塘老化，基础设施落后，配套不齐全，没有温室大棚和孵化设施，一定程度影响了锦鲤的产量和品质。

（二）观念落后，养殖技术差

养殖技术落后，部分养殖户沿用传统的食用鱼养殖方法，技术创新源于企业和养殖户的经验积累，缺少政府的引导和扶持，更缺少自己的品牌和特色。

（三）产业结构不合理，产业"小散弱"

河南锦鲤养殖产业存在"小散弱"情况。"小"表现在养殖规模小，100亩以内的小型养殖户占相当大的比例；"散"表现在集中度低，同质化竞争严重；"弱"表现在盈利弱。规模小，技术落后的小型养殖户，面临被逐步淘汰的危险。

（四）缺乏良种，血统不纯

锦鲤讲究血统纯正、品相优秀，血统不纯的亲鱼难出精品。大部分养殖户的亲鱼主要在养殖成鱼中挑选留种繁育，不注重血统。广东等地的锦鲤知名企业每年都投入巨资到日本引进纯种锦鲤，不断优化本地锦鲤种质，但其他地区受资金技术限制，精品率低。

四、推进锦鲤产业高质量发展的对策

（一）科技赋能，补齐产业短板

（1）注重血统培养。提纯复壮性能稳定、市场行情好的锦鲤品种，同时应用生物学、遗传基因工程等技术，开发改良新品种。

（2）加大科技投入，推广养殖新技术。制定配套的技术规范，示范推广漏斗型池塘循环水养殖锦鲤模式、科学精准投喂、智能环境控制、疫病防控、苗种优选等新技术。

（3）建立良种繁育基地，从种质上提升锦鲤品质。

（二）规模化经营，培育经营主体和品牌

进一步壮大培育龙头企业、专业合作社、养殖大户等新型经营主体，采取"公司＋农户"模式，发挥龙头企业推介、示范带动作用，发挥品牌优势。

（三）拓展电商销售，延长产业链

河南锦鲤产业要发展，需更新经营理念，引入市场营销观念。一是构建全产业链。在进一步推动锦鲤苗种、饲料、鱼药、调水剂等行业发展的基础上，积极推动物流仓储，鱼缸、水族器材等制造产业的发展，同时催生水族文化创新产业。二是鼓励电商销售，发展"锦鲤养殖＋互联网"模式。目前，河南省镇平县发展线上线下销售，物流仓储也形成专门行业，带动就业人员近 8 万人，年经济效益 10.4 亿元。

（四）加大宣传力度，推进三产融合发展

一是将锦鲤养殖与休闲渔业、文旅服务业相结合，促进观赏鱼三产融合发展。二是举办锦鲤大赛。通过举办赛事活动，展示精品，繁荣水族市场，提升大众鉴赏力水平。2019 年 11 月河南省举办了 2019 中国郑州首届"鼎能杯"锦鲤若鲤大赛暨观赏鱼博览会，省内外锦鲤行业知名企业代表和观赏鱼养殖爱好者 300 多人参加了大赛。经过专家评比，锦鲤大赛产生各类奖项 83 项，提升了观赏鱼品质，促进观赏鱼产业蓬勃发展。

锦鲤产业要发展，必须因地制宜，打造以产业为核心，以龙头企业为载体，以市场为导向，以鱼文化为灵魂，以提高经济效益为目标的特色产业，促进三产融合发展，推动锦鲤产业高质量发展，为农民增收和乡村振兴做出更大贡献。

第二节　锦鲤的生态学特性

一、锦鲤的形态特征

　　锦鲤的特征是：具2对须，3排咽喉齿，呈1,1,3—3,1,1排列。锦鲤身体呈纺锤形，分头部、躯干部和尾部3部分。头部前端有口，口缘无齿，但有发达的咽喉齿；眼前上方有鼻，眼后下方两侧有鱼鳃，是锦鲤呼吸和进行气体交换的主要器官。锦鲤身体有鱼鳍，分为胸鳍、腹鳍、背鳍、臀鳍和尾鳍，是锦鲤的运动器官，胸鳍和腹鳍相当于人的四肢。鳍切除或折断后有再生的能力。嘴边2对须，是水中索饵的感觉器官。鱼体覆盖鳞片，两侧中央各有一条纵线从头一直延伸至尾部，称为侧线，侧线的鳞片称为侧线鳞，是锦鲤的感觉器官。鱼体被外皮，外皮又分为表皮与真皮。表皮内黏液细胞分泌的黏液可有效地防止寄生虫的附着；表皮下面为真皮，内有血管、神经，鱼鳞基部埋在真皮中。

　　锦鲤的皮色非常具有观赏性，锦鲤各种各样的色彩是由埋藏于表皮下面的组织之间及鳞片下面的色素细胞收缩与扩散的结果。该种细胞含有4种色素：黑色素、黄色素、红色素和白色素。色素细胞的收缩和扩散与感觉器官及神经系统均有关联，对光线尤其敏感，不同品种的锦鲤有不同的体色、斑纹和图案。

　　锦鲤无胃，食管直通肠部。肝脏与胰脏合称为肝胰脏。鳔在锦鲤体腔背部，分为前室、后室。心脏包在心囊内，由一个心房与一个心室组成，另附有一个动脉球。

　　臀鳍基部前端有排泄孔与生殖孔，分别连通直肠、尿道与生殖腺，精

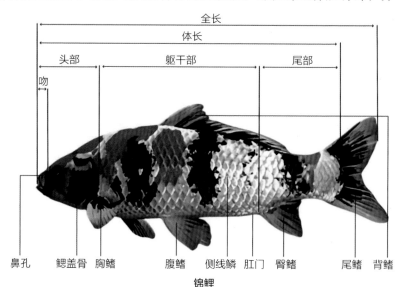

锦鲤

子、卵子在生殖巢中形成。

二、锦鲤的生理与生态特征

锦鲤是鲤鱼的变种，性格温和，不同品种、不同年龄的锦鲤能和睦相处。它具有生命力强、繁殖率高、适应性好等特点。

（一）食性

锦鲤具杂食性，一般软体动物、水生植物、底栖动物以及藻类都可以作为锦鲤的食物。另外，锦鲤在不同的生长发育阶段食性有一定的变化。锦鲤水花阶段可摄食枝角类、桡足类等动物性饵料，生长阶段可摄食水生昆虫、贝壳及水草，长到成鱼后变为杂食性。目前人工养殖主要投喂人工配合饲料，且有增色功能的膨化饲料。饲料价格 8 000~20 000 元 / t 不等，国内知名的观赏鱼饲料品牌有神阳、海豚、通威、鼎能等。

（二）生殖特性

锦鲤是卵生动物，雄鱼 2 龄成熟，雌鱼 3 龄成熟，每年产卵 1 次，每次产卵 20 万 ~40 万粒，黏性卵，产卵期一般在每年的 4~6 月。

（三）生长特性

锦鲤的寿命很长，在保证良好的生活环境情况下，能达到或超过 70 岁，因此锦鲤有长寿鱼之称。

锦鲤生长速度 2 龄以前最快，2 龄以前雄性锦鲤生长速度较快，2 龄以后则雌性锦鲤生长快。据报道，1 龄锦鲤平均体长 10~20 cm，2 龄锦鲤体长 20~30 cm。

（四）体色

锦鲤体表具有色彩，这种色彩是由真皮中的色素细胞呈现出来的，色彩的加深或消失与遗传因素、饵料、光照和水质等有关。

（五）水质

锦鲤对水质的要求较高，锦鲤终身生活在水中，水质的好坏决定其生存和生长。影响水质的因素主要有以下几种。

1. 气候

主要包括温度、光照、湿度、降水量、风等因素，它们不同程度地影响锦鲤的生活。对锦鲤的生活有直接影响的主要是温度，因为饲养锦鲤的水体都比较小，气候的变化很快影响到水温的变化，水温的急剧升降，会引起锦鲤的不适应或生病。锦鲤属于温带淡水鱼，在温度为 2~30℃的水体中均能生存。但在此范围水温中，如果水温突变幅度超过3℃，锦鲤容易发生疾病，鱼体表面往往产生白膜，为感冒症状。如果水温变化幅度过大，就会导致锦鲤应激死亡。因此，在气候突然变化、搬运锦鲤或者锦鲤池换水时均应特别注意水温的变化。

2. 水化因子

（1）溶解氧：水中的溶解氧（DO）过低，锦鲤就会出现浮头现象，严重缺氧时，会窒息死亡。一般锦鲤对溶解氧的要求在5 mg/L以上，最低3 mg/L，低于这个值，锦鲤就会缺氧浮头，严重时出现泛塘死亡。一般夏季日出前1 h，水中溶解氧含量最低；14:00至日落前1 h，水中溶解氧含量最高。

（2）二氧化碳：养殖锦鲤池中二氧化碳的主要来源是锦鲤、浮游生物等自身呼吸和锦鲤排泄的粪便、污物等氧化作用的产物。二氧化碳含量有明显的昼夜变化，水体中二氧化碳的含量偏高，会降低锦鲤体内血红蛋白与氧的结合能力；此时，即使水体中溶解氧含量不低，锦鲤也会出现呼吸困难。一般来讲，水体中二氧化碳的含量达50 mg/L以上，会影响锦鲤的正常生长发育，应尽快开增氧机增氧、曝气，或加新水增氧，降低水体中二氧化碳含量。

（3）酸碱度（pH值）：锦鲤对水质酸碱度有一定的适应范围，一般pH值为7.5~8为宜。pH值低于5或高于9.5会引起锦鲤生病，甚至死亡。pH值为5~6.5时，锦鲤生长缓慢，体质较差，易患打粉病。

（4）硬度：水的硬度（也叫矿化度）是指溶解在水中盐类物质的含量，即钙盐与镁盐含量的多少。1 L水中钙、镁离子的总和相当于10 mg氧化钙称之为1度。通常根据硬度的大小把水分成硬水与软水：8度以下为软水，8~16度为中水，16度以上为硬水，30度以上为极硬水。养殖锦鲤对水的硬度有一定要求，适宜硬度较低的水或者软水，硬度最好不超过16。

（5）水中有毒的化学物质：池水化学成分的变化往往与人们的生产活动、周边环境、水源、生物（鱼类、浮游生物、微生物等）活动、底质等有关。如果长期不清塘，池底堆积大量没有分解的残饵、粪便等，这些有机物在分解过程中，会消耗水中大量的氧气，同时还会释放出硫化氢、沼气等有害气体，毒害锦鲤。有些地区的土壤中重金属盐（含铅、锌、汞等）含量较高，容易引起锦鲤弯体病。一些没有环保设施处理的工厂、矿山排出的工业废水含有较多的重金属毒物（如铝、锌、汞）、硫化氢等物质，这些废水进入鱼池，轻则影响鱼的健康，使鱼的抵抗力下降而引起疾病的发生，重则在体内大量蓄积，引起锦鲤中毒死亡。

第二章

锦鲤的鉴赏、分类与分级

第一节　锦鲤的鉴赏

锦鲤（Brocarded Carp）生物学分类属于硬骨鱼纲（Osteichthyes）、鲤形目（Cypriniformes）、鲤科（Cyprinidae）鲤属（*Cyprinus*）。它是鲤鱼的一个变异杂交品种。养殖环境变化可引起鲤鱼体色突变，通过200多年的人工选育和杂交，培育出来体色多样的锦鲤。锦鲤的纯度和血统是提高锦鲤品质的关键，许多养殖户（场）在引种时，不注意引入种鱼的纯度和血统问题，造成优质率低，品质差。一尾纯度高、血统好的种鱼，繁殖后代的优质率高；相反，繁殖出后代的优质率低，甚至根本没有优质锦鲤出现。不重视锦鲤的纯度和血统是目前国内锦鲤养殖存在的普遍问题，从而使中国锦鲤与世界锦鲤的发展距离越拉越远，同时这也是一种资源、资金和劳动力的浪费。

锦鲤现在有13类126个品种，对锦鲤特点和价值进行评析，如姿态、色彩、斑纹、鳞片、气质等，形成了锦鲤的鉴赏标准。

锦鲤的鉴赏评选标准

根据日本锦鲤大赛中的评选标准：体形占40分，色质占30分，花纹（模样）占20分，游姿占10分。综合而言，一条优质锦鲤，必须同时具备以下条件：良好的体形、优质的色质、匀称的花纹、优美的游姿、硕大的体格、完美的鳞片。

（一）体形

良好的体形是优质锦鲤的基础。

从头到尾看，体形要丰满流畅。首先要看眼睛的距离，两眼相隔较宽的锦鲤，一般头部较大；看胸鳍基部直到吻端的距离，即头部的长度，长度要长；看眼睛和嘴巴的距离，不要太短，否则会形成三角形头。两边的脸颊要对称、均匀、丰满，不能畸形。头顶一定要饱满，头顶扁平的锦鲤不理想。如果幼鱼时患过黏孢子虫病等疾病，会导致锦鲤头盖畸形。

锦鲤的胸鳍会因品系不同而有不同的形状，太小、太尖或三角形的胸鳍都不好。

胸鳍到尾柄，体形要流畅，没有突然隆起或凹陷，尾柄粗壮，游动有力。

观赏锦鲤的最佳角度是从上往下看，锦鲤之美尽收眼底。由上往下看，锦鲤鱼体要有适当的宽度和侧高，侧高会因品系的不同而有所区别，最高点应该在背鳍前一点。如侧高最高点是在背鳍的中间，看起来像驼背，不美观。肚子不应有下坠的现象，即使雌鱼在怀卵时，也不应该有太明显的下坠。吻部要厚，尾鳍虽然很薄，但要灵活有力，不要太长，尾鳍的叉形凹处不要太深。总之，从头到尾都呈现出流畅、舒展、完美的体形。

体格硕大的锦鲤更引人注目，更能体现出锦鲤健硕有力的特点，体形大的锦鲤一般摄食旺盛，生长发育良好，鱼体免疫力强。

（二）色质

首先色纯、浓厚且油润。如果色不纯，有杂色，就不是高品质的颜色；色浓厚而显油润，色彩艳丽，有闪亮的光泽，属高品质。如果色泽暗淡，无光泽，则质量不高。其次，由于锦鲤血统不同，品系不一样，表现出的颜色深浅不同。例如，日本大日系的红白锦鲤，其红斑色带橙色，显得比较鲜艳明亮；仙助系统的红白锦鲤，其红斑比较浓厚而色深，显得较暗一些。锦鲤的白斑，也称为白质。高品质的白斑细腻雪白、无杂色，而低品质的白斑则带灰或带黄、色暗，显得白斑色质低劣。

（三）花纹

主要看整体，整体的花纹分布要匀称，个性特征明显。比如在头部、肩部的花纹要有变化，特别是在肩部的花纹一定要有"肩裂"，在头骨之后肩位有白色斑块，称为"肩裂"。如果没有"肩裂"，在观赏重点处就缺少了变化。花纹除在背部分布外，还应向腹部延伸，这就是俗称的"卷腹"。具卷腹花纹的锦鲤，能呈现健硕、有力的美感。昭和三色锦鲤，除红斑的分布外，其墨斑的分布也很重要，大块的墨斑应主

关于花纹的专业术语

绯盘：红色花纹。

色块：白肌与红斑的交界处，指头部侧的边缘（红斑的开始）的那一部分（称为前色块）。

边界：红斑与白肌的交界处，指红白的背部侧部分和两边的边缘部分。越是明显的边界表明红色花纹保持的时间越长。

质感：红色所拥有像墨一样的质感。质感好的个体，色彩更美丽。

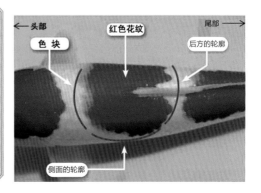

要分布于身体的前半部。"丹顶"为其头顶部红斑的位置，应在头部的正中央，前不到吻部，后不超过头骨盖，两边不到眼睛，这才是优质丹顶。

（四）游姿

游姿优美顺畅，健硕有力，是优质锦鲤的标准之一。如果锦鲤在水中游动时，身体歪扭，像蛇行游动，或侧着身体游动，游姿不合格。锦鲤的胸鳍在划动时要有力，尾柄摆动动作要适中，动作太小，显得软弱无力，不能体现出锦鲤的健硕有力；动作太大，显得有些夸张。

（五）鳞片

初入门的玩家鉴赏锦鲤时，通常先注意花纹，看是否匀称，颜色是否艳丽夺目，是否健康。入门后，成为爱好者时，就会重视鉴赏锦鲤的色质、体形与游姿。当熟悉锦鲤之后，能判定优质"立鲤"（高级锦鲤）时，才能称

从边界看红白锦鲤的优劣

中间的红色花纹，其侧边有 3 枚，后部的边界处有 1 枚红色鳞片非常明显。这些鳞片不全是红色，有的周边开始泛白，表明此红色花纹有可能完全消失，所以切边整齐是优质锦鲤的标志。

红色非常浓厚、白肌也很耀眼的三段红白，挑选前，先检查一下它的边界如何。

红纹外侧比较杂乱，水温增高时，这些斑纹就会消失。

从上方观察的时候，首先要确认身体有没有扭曲、畸形，体形要修长。然后，观察红白的切边。

锦鲤的花纹是会变化的。墨色消失之后大多数都会再次出现，红色花纹一旦消失，几乎不会再出现了。红白的花纹也有全部变白的情况。

之为鉴赏锦鲤的高手。鉴赏锦鲤集色质、体形、模样、游姿等于一体，要综合鉴赏评定。鉴赏锦鲤除头部的骨骼和鳍条外，就是满布全身的鳞片，排列井然有序的鳞片是评定优质锦鲤的重要标准。

在鉴赏锦鲤时，有几个与鳞片排列有关的名词经常使用，如复轮、前插、切边等。

（1）复轮：指鳞片外缘的一圈，就是鳞片外露的、扇形部分的外缘。复轮整体形状俗称"网"或"网目"，整片复轮看上去像撒开的渔网，一个个网目非常清晰。通常扇形的外缘呈较白的淡色，鳞片的中心部分颜色较深浓；也有复轮颜色较浓，中心部分较淡的。除了这两种以外，还有鳞片的边缘或鳞片左右较深，其样式不一。

（2）前插：锦鲤体表底色与色斑交界处的色边，朝头部者称为"前插"。

（3）切边：锦鲤底色与色斑交界处的色边，朝尾部方向称为"切边"。切边有两种形态：色斑的形状呈波浪形的称为"丸染"，像被刀切呈直线状的称为"剃刀切边"。

红白锦鲤与三色锦鲤的前插与切边鳞片就像房屋顶上的瓦一样，片片顺次复叠，均为前一片所覆盖，仅露出大圆的部分。隐在鳞下的部分称为"被覆部"，而露出的可观赏部分称为"露出部"。在红白锦鲤与三色锦鲤中，绯红色的部分被上一片白色鳞片覆盖而呈粉红色，这种情况称之为"覆色"，通常出现在色斑的前面部分，称为"前插"或"插彩"，在锦鲤中非常普遍，这种被染成粉红的鳞片在一定范围内可以，若前插深入约 3 枚鳞片，

辨别优质红白锦鲤

1. 选择红色没有浑浊的（均一性）。
2. 选择边界清晰的。
3. 不要被鲜艳的红色迷惑，注重红色的厚重。
4. 选择白肌漂亮的鱼，可以凸显红色。

口红红白

口部有红色斑纹

闪电红白

仿佛红色闪电一样，花纹左右摆动连接在一起

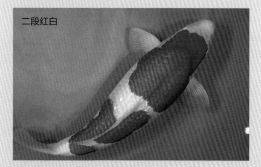

二段红白

从头部看红色花纹分成了两段

大正三色锦鲤与昭和三色锦鲤的分辨方法

大正三色锦鲤和昭和三色锦鲤最大的区别就是墨点的分布和质感。

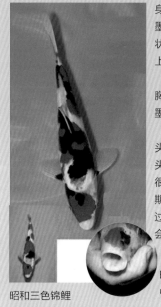

身体:
墨点呈大面积的面状,或是以线状从上到下分布全身

胸鳍:
墨点呈面状出现

头部:
头部有墨点的鲤鱼很多,即使幼鱼时期没有,大多数经过一段时间后头部会出现墨点

昭和三色锦鲤的口中一般都有墨点

昭和三色锦鲤
相比大正三色锦鲤,其墨点的沉浮变化更加激烈

身体:
墨点在背中部呈点状,或是较小的面状

胸鳍:
墨点呈线状出现,一到数根

头部:
头部几乎不会出现墨点

大正三色锦鲤
红色的质感也有差异,大正三色锦鲤的红色与红白锦鲤的更接近

就不太受欢迎。因为高级"立鲤"在年轻时期,其前插通常会出现2~3枚,待其成长之后,这个前插会减少至1枚,甚至会消失。如果一尾锦鲤年龄较小,前插减缩至1枚甚至没有的可能性会很高,不过其减缩的倾向与它的品系和种鲤有关。如红白锦鲤的绯盘几乎看不到前插,这种绯盘如红绸被切开般,利落而无杂边为优秀。无前插的淡色绯盘称为"上绯",这种绯盘极易褪去,在挑选和鉴赏锦鲤时,应选择绯盘较厚实者。

有经验的养殖户知道,若幼鱼期斑纹与白底的色边缘很清晰,在成长后绯盘不易崩散。红白锦鲤呈"剃刀切边",是"仙助红白"品系的特征,很受欢迎,鳞片的一半像被剃刀剃过,红白分明,斑纹干净利落,给人以力的感觉。自"仙助红白"流行后,"剃刀切边"变成主流,"丸染"变成相对少数,不过尚有一些锦鲤养殖者坚持"丸染",因为"丸染"的绯盘具有均一性。

黄金锦鲤的基本要求也在于鳞片的排列。网目模样中的复轮淡嫩娇柔,中心部位色彩则浓烈激情。

第二节　锦鲤的分类

目前，国际上通常采用日本锦鲤分类标准，锦鲤有 13 类 126 个品种，下面选取有代表性的品种进行介绍。

一、红白锦鲤

红白锦鲤是锦鲤中最具代表性的种类，是锦鲤人工繁育的基础品种，与其他品种杂交诞生出各种各样的锦鲤品种，与大正三色锦鲤和昭和三色锦鲤一起被称为"御三色"或"御三品"。其体色在白底上有红色斑块，红白相映，清晰明快，色彩鲜明艳丽。颜色要求是：白色要雪白，红色要具光泽、油润、明亮。红斑在身体背部的分布要匀称，有特点，具美感。斑纹要求边际整洁，红斑和白色之间的分界线要分明，没有过渡色，称为"切边整齐"。红斑花纹的分布要求在头部前不过嘴吻，两边不下眼；有肩裂，在尾柄处有一红色斑块结尾的较好。

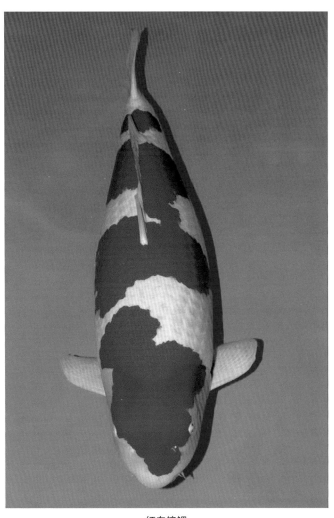

红白锦鲤

红白锦鲤是白色肌底上拥有红色花纹的锦鲤,雪白的底色与红色斑纹相得益彰

极具个性的红白锦鲤,红色花纹形状独特,红色双眼让人过目难忘

嘴角一点红,这样的红白锦鲤很少见

红白锦鲤

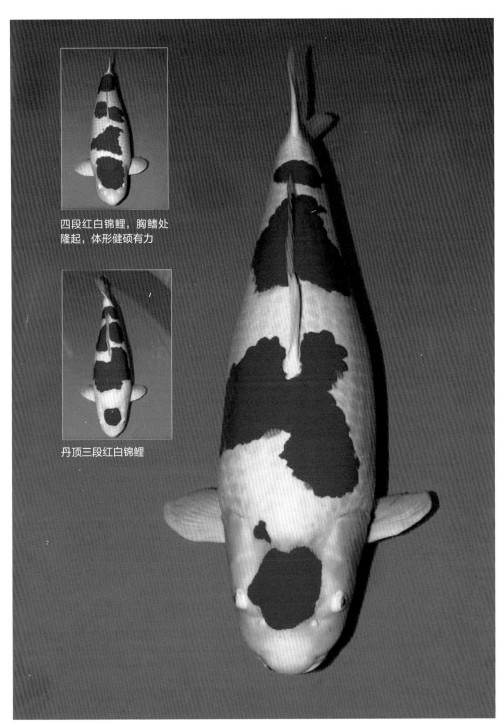

四段红白锦鲤，胸鳍处
隆起，体形健硕有力

丹顶三段红白锦鲤

拥有对称花纹的红白锦鲤

这种红白锦鲤头部像圆木一样，从头部到尾部有种肥硕感

闪电红白锦鲤从头到尾覆盖着像闪电般的花纹，左右展开

三段红白锦鲤

五段红白锦鲤

四段红白锦鲤

体格强壮的红白锦鲤

根据红斑分段数目的不同，分为"两段红白""三段红白"和"四段红白"；从头到尾有连续闪电状花纹的称为"闪电红白"；大块斑纹的称为"大模样红白"；小块斑纹的称为"小模样红白"。

　　红白锦鲤与德国镜鲤杂交，培育出身上无鳞或少鳞的红白锦鲤，称为"德系红白"。

　　日本锦鲤的红白品种中，以日本南部生产的小川红白最为闻名。该渔场生产的红白锦鲤，鳞片细滑、红色斑纹油润鲜艳、白质细嫩洁白。由小川渔场培育的"娄兰红白锦鲤"，曾获得两届日本锦鲤大赛的全场总冠军。

二、大正三色锦鲤

　　大正三色锦鲤是在日本大正年间培育出的品种，体色有红、黑、白三种颜色，红白相间之中布有黑点，以白底、红绯盘、黑墨点般的纹路搭配，故称"大正三色"。标准是在红白体色标准的基础上，有少量、小块的墨斑，胸鳍有放射条状黑纹。身体上的墨斑集聚，不过分分散；黑色色质墨黑，以墨斑不进入头部为标准；身上的墨斑在白色部位出现的为最上乘，称为"穴墨"。身上的色斑要求色质浓厚，油润鲜艳，"切边"整齐，分布匀称。

在红白锦鲤的体形基础上，点缀着几簇墨点的锦鲤

优质的大正三色锦鲤，白色雪白，肩头的墨点厚重

大正三色锦鲤

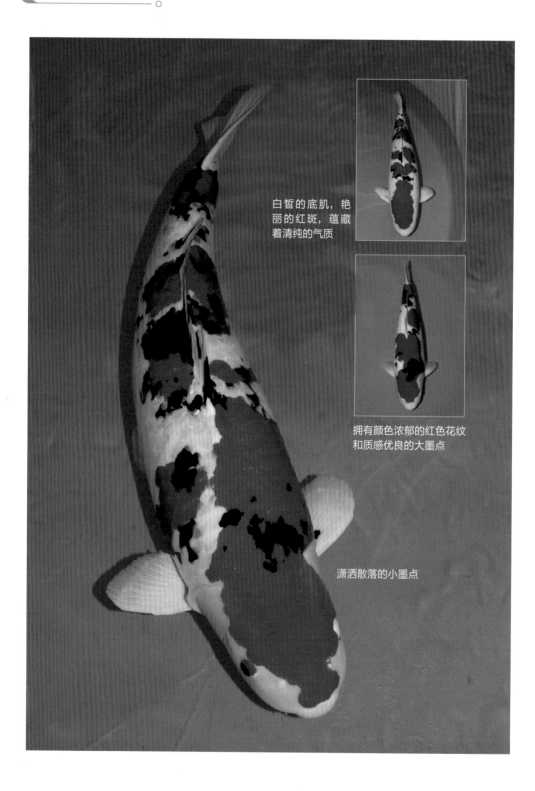

白皙的底肌，艳丽的红斑，蕴藏着清纯的气质

拥有颜色浓郁的红色花纹和质感优良的大墨点

潇洒散落的小墨点

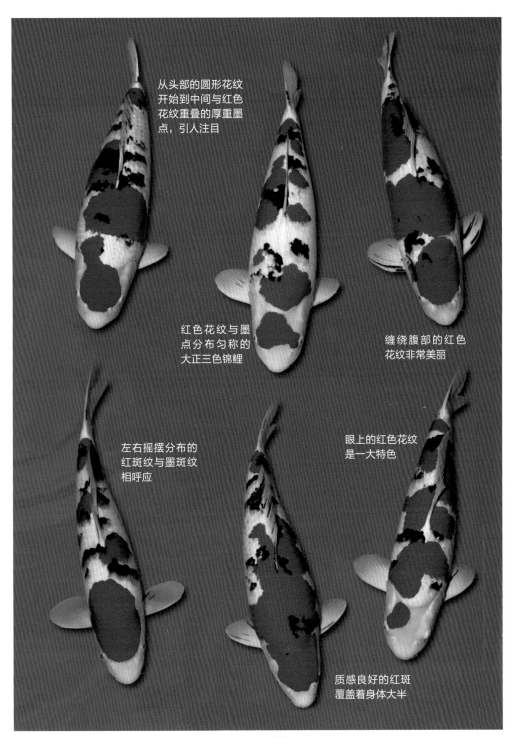

从头部的圆形花纹开始到中间与红色花纹重叠的厚重墨点，引人注目

红色花纹与墨点分布匀称的大正三色锦鲤

缠绕腹部的红色花纹非常美丽

左右摇摆分布的红斑纹与墨斑纹相呼应

眼上的红色花纹是一大特色

质感良好的红斑覆盖着身体大半

大正三色锦鲤

三、昭和三色锦鲤

昭和三色锦鲤是在日本昭和年间培育出的红、黑、白三色品种。身体体表有大块墨色，有红、白、黑三种颜色的色斑，墨斑进入头部，胸鳍基部有半圆形墨斑，称为"圆墨"，这是昭和三色锦鲤的品种特征，也是与大正三色锦鲤区别之处。传统的昭和三色锦鲤在头部的墨斑呈倒"人"字形分布者为正宗，有些在口的上颚处也有黑色斑块。

黑少白底多的被称为"现代昭和"。现代昭和三色锦鲤的白色斑纹比传统昭和三色锦鲤多，墨斑比传统昭和三色锦鲤少，体色较为简洁明快。

昭和三色锦鲤与德国镜鲤杂交，培育出身上无鳞或少鳞的昭和三色锦鲤，称为"德系昭和"。

传统昭和三色锦鲤以日本中部偏北温泉地区的佐久间渔场生产的为上品。该渔场培育的传统昭和三色锦鲤墨色浓厚，红白斑分布匀称，体形粗大，表现出力的美感。但在1龄以下的色泽非常浅淡，在3龄以上才可以看出它的美姿。

昭和三色锦鲤
与大正三色锦鲤的墨斑呈点状分布不同，昭和三色锦鲤的墨斑是从线到面，在背部、腹部环绕出现。大多数昭和三色锦鲤从嘴部到头部都会分布墨斑，而且胸鳍上有团片状墨斑。拥有漆黑墨斑是上品的昭和三色锦鲤。

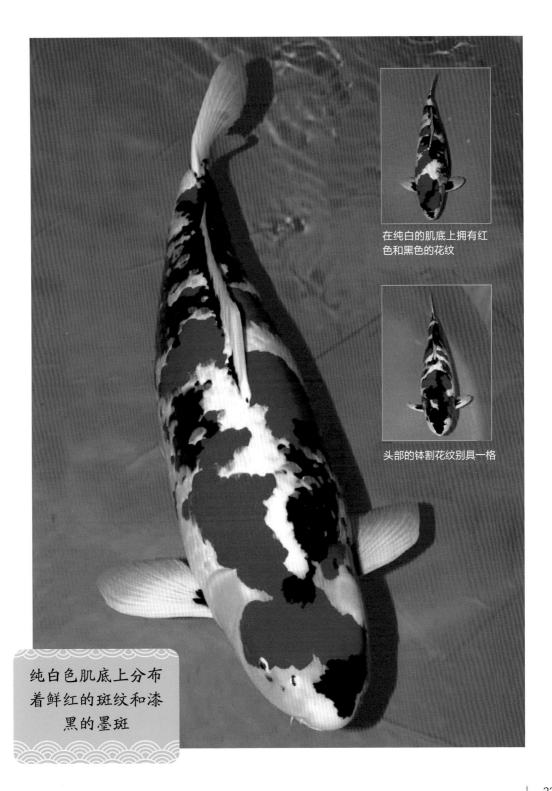

在纯白的肌底上拥有红色和黑色的花纹

头部的钵割花纹别具一格

纯白色肌底上分布着鲜红的斑纹和漆黑的墨斑

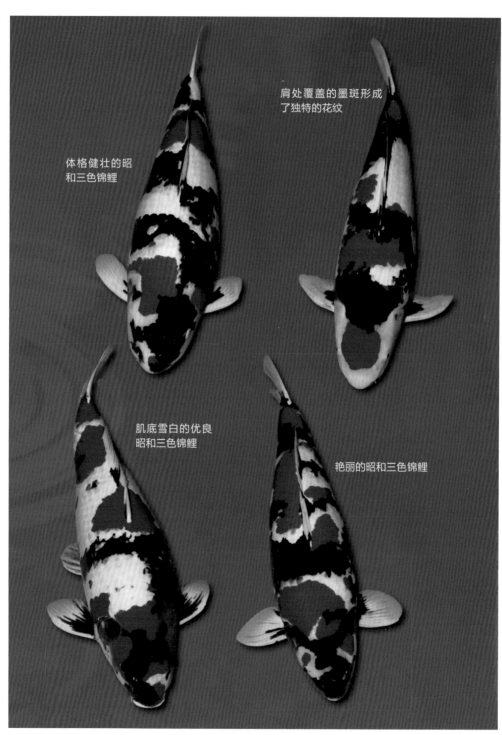

肩处覆盖的墨斑形成
了独特的花纹

体格健壮的昭
和三色锦鲤

肌底雪白的优良
昭和三色锦鲤

艳丽的昭和三色锦鲤

昭和三色锦鲤

四、写类锦鲤

　　写类锦鲤是锦鲤品种的一个大类。该类品种分别在白色、红色、黄色的底色上有大块墨斑，有如大块的墨写画在上面，故称为"写鲤"。白写是写类的代表品种，体色只有白色和黑色两种颜色，在白色底上有大块墨斑，色斑与传统昭和三色锦鲤相似，墨斑进入头部，在头部的墨斑呈倒"人"字形；身体上有大块墨斑，胸鳍基部有半圆形墨斑，称为"圆墨"，有些在口的上颚处有黑色斑块。

　　在黄色底上有大块墨斑的称为"黄写"，在红色底上有大块墨斑的称"绯写"，不管哪种类型，底色都为单色，并且具有连续状的写墨花纹。白写有一种水墨画感，绯写有很强的吸引力，黄写有一种超然的品位。

黑白两色对比之美

银鳞白写锦鲤
拥有雪白闪亮肌底的银鳞品种。身体左右交错分布的墨点别具一格。

白写锦鲤
是"御三家"之外的人气品种，昭和三色锦鲤去掉了红色，美丽的白色肌底更加凸显墨斑。与昭和三色锦鲤相同的是，如果胸鳍有圆墨则为上品。尾鳍的根部单侧边缘为白色，对侧为黑色，或是两侧都为白色均为上品。

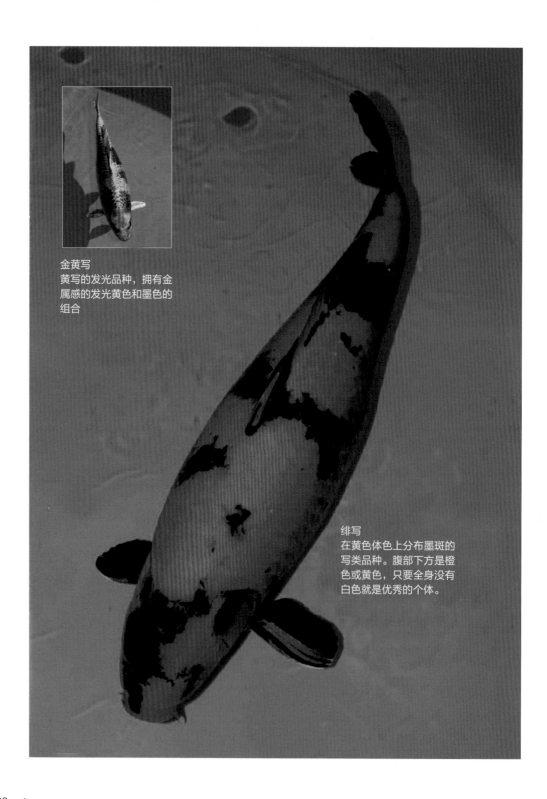

金黄写
黄写的发光品种，拥有金
属感的发光黄色和墨色的
组合

绯写
在黄色体色上分布墨斑的
写类品种。腹部下方是橙
色或黄色，只要全身没有
白色就是优秀的个体。

五、别甲锦鲤

它是锦鲤品种的一个大类。该类品种分别以白色或红色为底色，背部分布有小块墨斑，如一块块甲片，称为"别甲"，也有称为"别光"，也有人称为去掉红色的大正锦鲤。基本体色有两色，体色的墨斑与大正三色锦鲤的墨斑相似，墨斑不进入头部，以背部两侧小块墨斑分布比较匀称者为佳，胸鳍有放射条纹。

也有把别甲锦鲤和别光锦鲤区分开的。在洁白、绯红、金黄的不同底色上呈现出墨斑的锦鲤，称为别光锦鲤。其品种有白别光锦鲤、赤别光锦鲤、黄别光锦鲤。白别光锦鲤：鱼体底色洁白，其上的墨斑纯黑，色浓，分布于躯干部和尾柄部，色彩极为明快清秀。赤别光锦鲤：鱼体底色为红色，背部有墨斑纹。黄别光锦鲤：在黄色的鱼体上，点缀着漆黑如墨的墨斑。

写鲤和别甲锦鲤的区别在于前者的基部是黑色，后者的基部是白色。大正三色锦鲤和昭和三色锦鲤的区别：白写锦鲤有绯盘则为昭和三色锦鲤，白别甲锦鲤有绯盘则为大正三色锦鲤。别甲锦鲤具有一种淡然简洁的气质。

滴墨般的花纹，
具有简约之美

雪白肌底上呈现出
的水墨画

白别甲锦鲤
从大正三色锦鲤中
将红色移出的品种。

27

六、浅黄及秋翠锦鲤

这是两大类合为一起的锦鲤品种。

（一）浅黄锦鲤

浅黄锦鲤是锦鲤的原始品种，头部以外的躯体都被蓝色或水青色覆盖，全身鳞片排列成网状花纹。根据体表青色系的深浅大致分为绀青浅黄和鸣海浅黄，代表品种是鸣海浅黄。背部有清晰、呈浅蓝色的鳞片网纹，以侧线以下有整齐鲜明的橙黄色者为上品；橙黄色进入背部的称为"花浅黄"。如背部的鳞片网纹不清晰，其橙黄色再鲜艳，也属于下品。下腹部的绯色称为"船底绯"，两颊的绯色称为"奴绯"。

优质的鸣海浅黄要求身体没有杂鳞和不规则鳞出现。它的鳞为基本形，扇形鳞片的中心呈深蓝色，外缘呈灰白色，鳞的基部呈白色、半透明的复轮，整体呈网目状，非常清爽。部分浅黄类别中出现复轮的灰白色不只在外缘，几乎占鳞片的一半，鳞根部分呈浓蓝色。某些底色呈灰色，复轮颜色呈黑蓝色者，就不应该再称为浅黄，应分类在"变种鲤"之中。如复轮与前面所说相反，亦属浅黄品种，鳞片在中心染成白色，越往周边越黑，这种黑色复轮非常稀有，难得一见。

浅黄锦鲤

浅黄锦鲤背部鳞片排列整齐，扇形鳞片的中心呈深蓝色，外缘呈灰白色，整体呈网目状；腹部有鲜明的橙黄色者为正宗上品。

漂亮的浅黄锦鲤

鲜艳的红色与蓝色的鳞片对比强烈，腹部的红色从头延伸到尾，是浅黄的特征

根据鳞片颜色的不同，呈现淡淡青色的是鸣海浅黄，青黑色的是绀青浅黄。现在的主流是鸣海浅黄

（二）秋翠锦鲤

浅黄锦鲤与德国镜鲤杂交培育出的品种，是浅黄系列的珍品。其背部和两侧侧线部位各有一条排列整齐的鱼鳞，其他部位没有鳞片。以背部为蓝色、侧线下为橙黄色者为正宗上品。秋翠的观赏要点在于鱼体的蓝色、背部排列整齐的大鳞片、下腹部的船底绯、脸颊的奴绯。身体被红色覆盖的称为"绯秋翠"。身上除上述鳞片排列以外，其他位置有鳞或有大小不一的鳞片者，称为"蛇皮鳞"，属被淘汰的下品，不能作为商品鱼。

浅黄和秋翠这两个品种，在1~3龄非常漂亮，随着年龄的增长，其背部的浅蓝色鳞网纹和腹部的橙黄色会逐步褪浅，甚至消失，在身体上出现一些小黑点，降低了其观赏价值。要保持其鲜艳的颜色，保证饲料营养和良好的水质是关键。

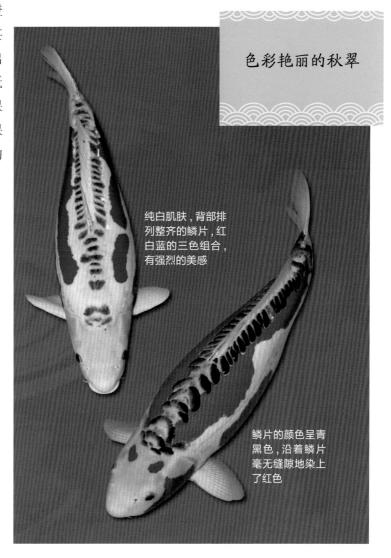

色彩艳丽的秋翠

纯白肌肤，背部排列整齐的鳞片，红白蓝的三色组合，有强烈的美感

鳞片的颜色呈青黑色，沿着鳞片毫无缝隙地染上了红色

七、衣

　　衣是锦鲤品种的一个大类，包括许多品种。其特征是锦鲤红色鳞片顶端的半月状被染成靛蓝色或黑色，若隐若现，犹如穿了一件秋蝉薄衣，故称之为"衣"。在红白锦鲤的红斑下出现浅蓝色的称为"蓝衣"，在大正三色锦鲤的红斑下有浅蓝色的称为"衣三色"，在昭和三色锦鲤的红斑下有浅蓝色的称为"衣昭和"。有的衣不再是月牙形，而是与红色重叠呈现出两色交互的花纹，呈黑紫色斑纹，葡萄状分布于体背，称为"葡萄衣"，在丹顶的红斑下有浅蓝色的称为"衣丹顶"，除红斑外的底色为浅蓝色的，称为"五色"。衣与德国镜鲤杂交，培育出身上无鳞或少鳞的衣的品种分别称为"德国蓝衣""德国衣三色""德国衣昭和""德国葡萄衣"。

墨色与绯色的融合

衣昭和锦鲤
拥有衣花纹的昭和三色锦鲤

美丽的白色肌底上覆盖着明亮的红色绯盘

墨色均匀分布在绯盘上，头部的绯盘令人印象深刻

衣
锦鲤的红斑下出现若隐若现的蓝色，像穿了一件秋蝉薄衣，故称为"衣"。根据衣的颜色深浅，主要分为蓝衣和墨衣，现在的主流是蓝衣。

八、光写类

它是拥有写类特性的品种与光无地杂交培育出的品种，全身具有闪亮的金属光泽，光写非品种名而是总称。以闪亮的金属光泽覆盖全身，覆盖至各鳍上，特别是头骨被全部均匀覆盖者为上品。全身的光泽度越高，花纹越明显的为上品。

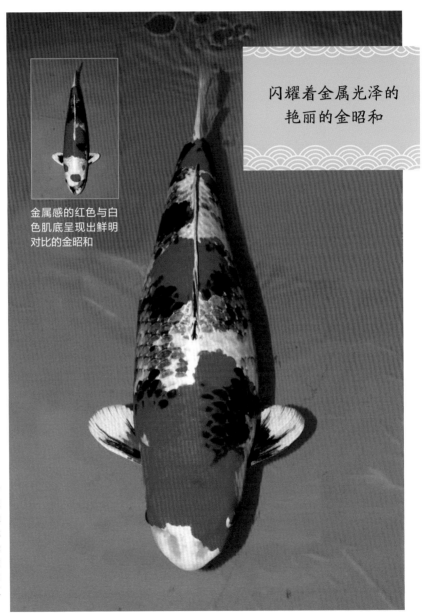

金属感的红色与白色肌底呈现出鲜明对比的金昭和

闪耀着金属光泽的
艳丽的金昭和

光写
像昭和三色和白写一样拥有泼墨样的花纹，全身散发金属光泽的品种统称为"光写"。主要的品种是昭和三色，被称为金昭和，它的底色为白金色，绯红花纹有红色、橙色。

九、花纹皮光鲤（光模样）

它是写鲤、光无地以外的全身发出光辉、拥有花纹的锦鲤的统称。主要品种有以红白色为基调具有光泽的"樱黄金"，金银颜色的"贴分"，大正三色基调的光鲤"大和锦"等。

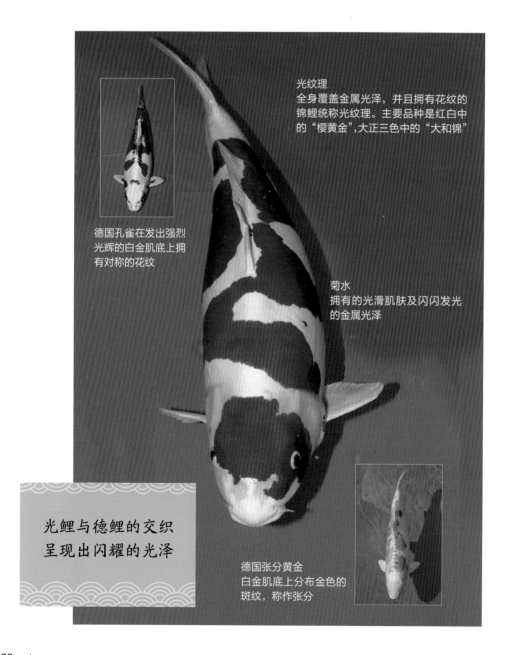

光纹理
全身覆盖金属光泽，并且拥有花纹的锦鲤统称光纹理。主要品种是红白中的"樱黄金"，大正三色中的"大和锦"

德国孔雀在发出强烈光辉的白金肌底上拥有对称的花纹

菊水
拥有的光滑肌肤及闪闪发光的金属光泽

光鲤与德鲤的交织
呈现出闪耀的光泽

德国张分黄金
白金肌底上分布金色的斑纹，称作张分

贴分锦鲤：它是具有金银二色斑纹的锦鲤。头部金银两色清爽，覆鳞越多越好。

山吹贴分锦鲤：它是具橘黄与白金二色斑纹的锦鲤。

菊水锦鲤：全身以白金为底，尤其头部与背部银白色特别醒目。菊水锦鲤背部鳞片覆鳞特别光亮的称"百年樱锦鲤"。

孔雀锦鲤：它于 1960 年培育而成，为五色的皮光鲤。全身布满红色者称"红孔雀"锦鲤，德国系统的称"德国孔雀锦鲤"，还有"黄孔雀锦鲤""口红孔雀锦鲤"等。

拥有橙色花纹的美丽个体

孔雀
拥有白金的底色，浅黄的网眼状的鳞片，以及鲜艳绯色花纹的品种

将红白、浅黄、白金的美丽凝聚在一起

十、黄金锦鲤

体色全部呈金黄色的锦鲤通称黄金锦鲤。黄金锦鲤于1946年由日本青木泽太父子培育而成。黄金锦鲤常用于与各品种锦鲤交配而产生豪华的皮光鲤，成为改良锦鲤的主要品种。体色金黄色的称"黄金"，体色银白色的称"白金"，体色金红色的称"红金"。与德国镜鲤杂交的品种称为"德国黄金""德国白金""德国红金"。

黄金锦鲤的观赏要点是头部必须光亮清爽，不能有阴影；鳞片的外缘必须呈明亮的金黄色，鳞片排列整齐，延伸至腹侧者为上品；胸鳍必须明亮。黄金锦鲤常因贪食而过度肥胖，因此，必须注重骨架及体形。不论季节、水温如何变化始终光泽明亮者为上品。德国黄金锦鲤须注意鳞片是否整齐，不能有赘鳞。

白金
像雪反射着光芒一样。仿佛精心雕琢的鳞片，充满美感

黄金
全身都散发着金色光芒。头部没有杂色，从头部到尾部都是发光金色，全身鳞片排列整齐的是上品

十一、金银鳞

锦鲤体表的鳞片上有多棱反光面，有金色鳞片或银色鳞片，闪闪发光。白底有银色发亮的称为银鳞，如果发亮的鳞片在红斑纹内称为金鳞。凡有此特征的品种，均在其名称前冠以"金银鳞"，如金银鳞红白、金银鳞大正、金银鳞昭和等。金银鳞细致地聚集于背部者较美观。

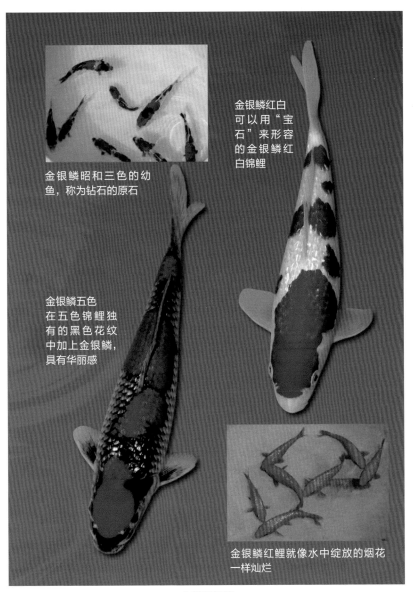

金银鳞昭和三色的幼鱼，称为钻石的原石

金银鳞红白可以用"宝石"来形容的金银鳞红白锦鲤

金银鳞五色
在五色锦鲤独有的黑色花纹中加上金银鳞，具有华丽感

金银鳞红鲤就像水中绽放的烟花一样灿烂

金银鳞锦鲤

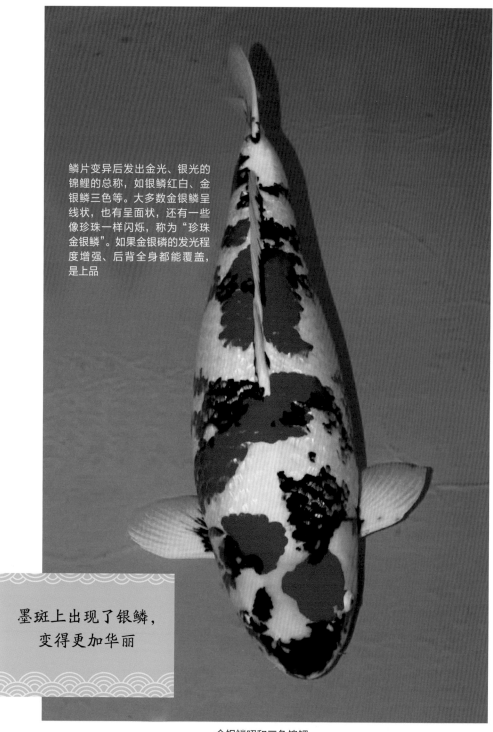

鳞片变异后发出金光、银光的锦鲤的总称，如银鳞红白、金银鳞三色等。大多数金银鳞呈线状，也有呈面状，还有一些像珍珠一样闪烁，称为"珍珠金银鳞"。如果金银磷的发光程度增强、后背全身都能覆盖，是上品

墨斑上出现了银鳞，
变得更加华丽

金银鳞昭和三色锦鲤

金银鳞浅黄
在浅黄锦鲤特有的鳞片上加入金银鳞，具有多重魅力

金银鳞大正三色
肩口处有作为大正三色独特的墨色，具有很强的存在感

金银鳞别甲
白色面积大，金银鳞覆盖全身

十二、丹顶

全身体色为白色，仅有一个红色圆斑分布在头顶，要求斑块前不到吻部，两侧不到眼眶，后不出头盖骨。身体上没有与头顶斑块相同的色块。此斑块的形状以圆形和"前圆后方"形为上品。各个品种的头部如果有圆形红斑的锦鲤都可称为丹顶，具体品种如下。

红白丹顶：全身雪白，头部有鲜红斑块，以斑块呈圆形者为上品。

丹顶三色：头部有鲜红斑块，身体其他部位具大正三色的墨斑。

丹顶昭和三色：头部有鲜红斑块，身上有大块具昭和三色特色的墨斑，胸鳍基有圆墨。

张分丹顶：全身单色，头部有金黄色斑块。

丹顶昭和三色

丹顶三色
别甲的清纯感和丹顶
的华丽融合在一起

无鳞的德国丹顶昭和

丹顶昭和
太阳花纹被墨色以线状
横切

十三、变种鲤

　　变种鲤大类中包含许多品种，按锦鲤的 13 种分类法，除其中 12 种以外的其他品种都归为变种鲤，是一个很杂的大类。变种鲤为珍稀个体，其中落叶时雨、茶鲤等是代表品种。

五色时雨
白金的肌底和黄金花纹
尽显华丽感

变种鲤

（一）乌鲤

属于锦鲤的原始品种，乌鲤是由绀青浅黄锦鲤杂交演变而来，全身黑色，庄重大方，具有一定的欣赏价值。腹部为金黄色的称为"铁包金"，腹部为银白色的称为"铁包银"，全身都为黑色的则少见。乌鲤与德国镜鲤杂交，培育出身上无鳞或少鳞的品种称为"德国乌鲤"。

（二）松川化锦鲤

松川化锦鲤由浅黄演变而来，身被正常鳞片，体色在白底上有不规则的蓝黑色花纹，墨纹会随着环境变化而变化。

（三）九纹龙、红辉黑龙

九纹龙是松川化锦鲤与德国镜鲤杂交的品种，全身无鳞或少鳞，斑纹与松川化相似，但身上的斑纹会随着季节而

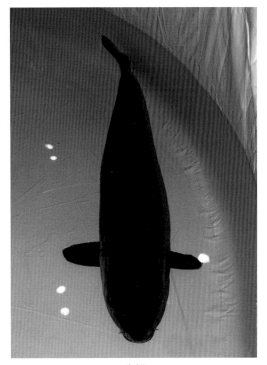

乌鲤

变化。在水温高的夏天，斑纹变少，而且色淡；在水温低的冬天，斑纹变深增多。

红辉黑龙是以九纹龙为亲本产出"辉黑龙"，并引入"菊水"血统，于1992年培育出。

（四）茶鲤

茶鲤是锦鲤的最原始品种。体色茶绿色，背部鳞片花纹非常清晰，而且能养成很大的个体，在水池中游动起来非常壮观。茶鲤与德国镜鲤杂交，培育出身上无鳞或少鳞的品种称为"德国茶鲤"。

（五）落叶时雨

落叶时雨是锦鲤的原始品种。体色为青灰色，身上有茶褐色（茶黄色）斑纹，斑纹分布匀称者为上品。

（六）松叶

松叶与浅黄一样属于古典锦鲤，由浅黄培育而得。该品种背部具有清晰的网状鳞纹，有金黄色和银白色两种体色。全身金黄色的称为"金松叶"，全身银白色的称为"银松叶"，全身红色的称为"赤松叶"。

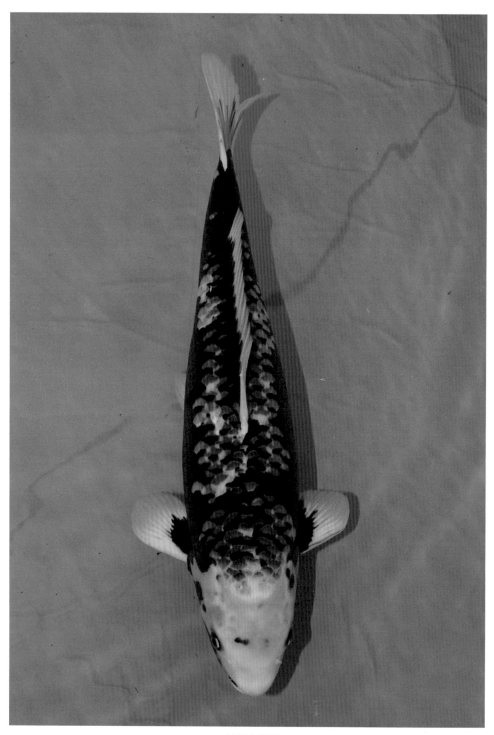

松川化锦鲤

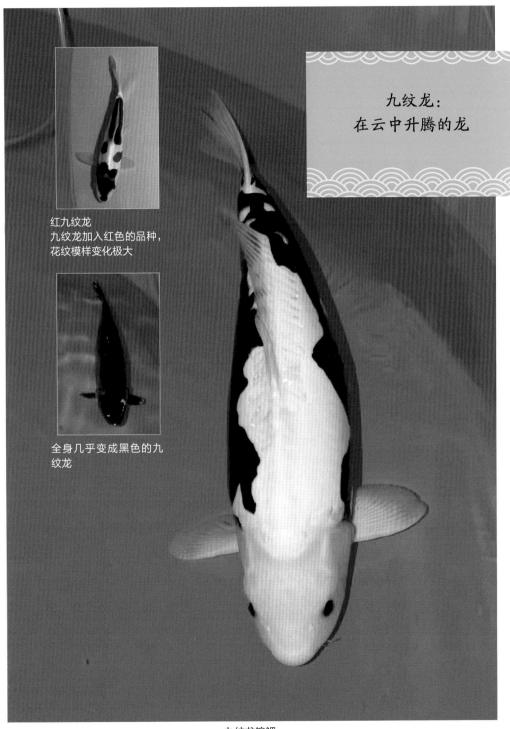

九纹龙：
在云中升腾的龙

红九纹龙
九纹龙加入红色的品种，
花纹模样变化极大

全身几乎变成黑色的九
纹龙

九纹龙锦鲤
雪白肌底上，从头部到尾部都分布着像流云一样的墨色的德国锦鲤

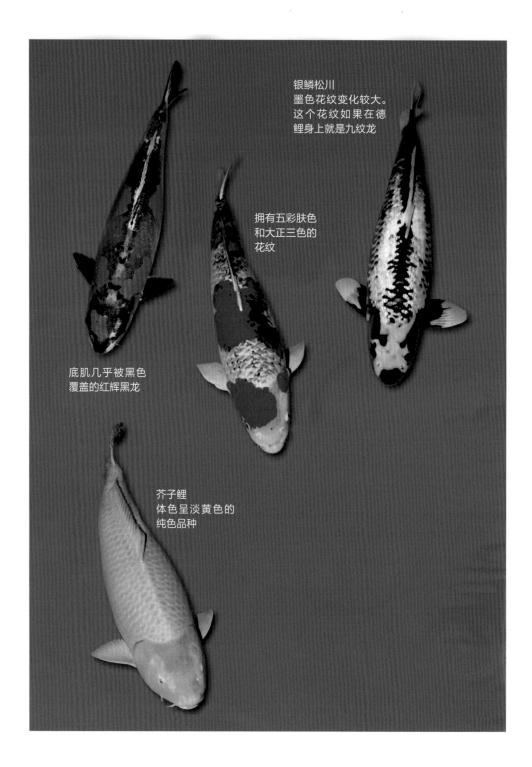

银鳞松川
墨色花纹变化较大。
这个花纹如果在德
鲤身上就是九纹龙

拥有五彩肤色
和大正三色的
花纹

底肌几乎被黑色
覆盖的红辉黑龙

芥子鲤
体色呈淡黄色的
纯色品种

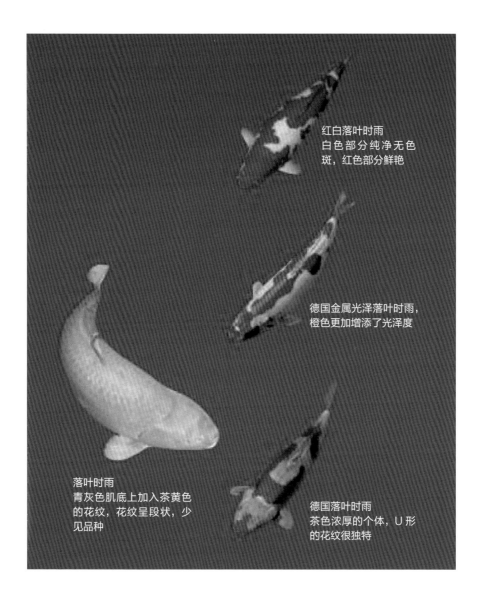

红白落叶时雨
白色部分纯净无色
斑，红色部分鲜艳

德国金属光泽落叶时雨，
橙色更加增添了光泽度

落叶时雨
青灰色肌底上加入茶黄色
的花纹，花纹呈段状，少
见品种

德国落叶时雨
茶色浓厚的个体，U形
的花纹很独特

红辉黑龙
加入了绯色花纹的
辉黑龙

像衣一样的绯色花纹边
以墨色勾勒轮廓，形成独
特组合

金辉黑龙
在九纹龙中带有光泽的"辉黑龙"，
身体加入了金色

全黑的底色上有漂亮红色的优秀个体

五色

身体鳞片上有着黑色斑纹，浓郁的红色特别醒目。底肌的颜色有很多种，有黑色、白色，既黑也白的花色也有。现在的五色并不止五种颜色，而是指多种颜色

第三节 锦鲤的分级

通常将锦鲤分为特级、高级、优级、标准、普通、淘汰，即 A、B、C、D、E、F 六个级别。下面分别对各个级别、分级要求和"御三家"锦鲤（红白锦鲤、大正锦鲤、昭和锦鲤）各指标分级详细介绍。分级标准参考 SC/T5703—2014 锦鲤分级红白类、SC/T5707—2017 锦鲤分级白底三色类、SC/T5708—2017 锦鲤分级墨底三色类。

一、级别介绍

特级（A 级）：为极品，万里挑一，体形、颜色、斑纹均非常优秀，让人爱不释手。

高级（B 级）：为精品，不仅体形一流，颜色极佳，且斑纹优美漂亮，可引起无限的想象。

优级（C 级）：体形优秀、颜色很好、斑纹平衡组合良好，优点较多、缺点极少。耐看，但想象空间较小。

标准（D 级）：体形正常，颜色一般，斑纹基本上有头有尾，左右平衡，但没有什么突出优点，且有一些缺点。

普通（E 级）：体形正常，但斑纹没有美感，时常有头重脚轻之感，或斑纹左右不平衡，或虽有斑纹但缺点很多。

淘汰（F 级）：体形正常或一般，颜色较淡，斑纹杂乱无章，包括全红或全白，单色锦鲤除外。

二、分级要求

体形：纺锤形，躯干挺直，尾柄粗壮，从吻端到背鳍呈一条直线。

鱼鳍：鳍条完整，背鳍、臀鳍、尾鳍匀称且对称。

质量：体长 ≥ 12cm，鱼体背脊笔直，身体平衡，泳姿端正，游动稳健有力，尾柄摆动适中，体表无病兆。

三、红白、大正、昭和锦鲤分级指标介绍

（一）红白锦鲤

它是体表白色，只具红色斑纹的锦鲤（表 2.1）。

表 2.1　红白锦鲤分级指标

指标	A 级	B 级	C 级	D 级
体形	体高 / 体长： 1/（2.6~3.0） 尾柄粗壮、侧视背脊呈弧线	体高 / 体长： 1/（2.6~3.0） 尾柄粗壮、侧视背脊呈弧线	体高 / 体长： 1/（2.4~3.3） 尾柄粗壮、侧视背脊呈弧线	体高 / 体长： 1/（2.2~3.6） 尾柄较细、侧视背脊呈弧线
颜色	整体色彩鲜明，色泽明亮 底色瓷白，不可掺杂其他颜色，也不得有杂点、杂斑 红斑质地均匀且浓厚	整体色彩鲜明，色泽明亮 底色瓷白，不可掺杂其他颜色，也不得有杂点、杂斑 红斑质地均匀且浓厚	整体色彩鲜明 底色白色可略带米色，不可掺杂其他颜色，可有少量杂点、杂斑 红斑颜色较淡	整体色彩较淡 底色白色略泛黄，可掺杂其他颜色，或有杂点、杂斑 红斑颜色较淡
斑纹	应有横跨背脊中轴线的大块红斑，躯干两侧红斑匀称 从鼻孔到尾鳍基部的红斑总量须占鱼体整体表面积的 30%~60% 头部红斑不应延伸至吻部，两侧不应延伸至眼上缘，眼部、颊部、鳃盖须无红斑 各鳍无红斑 尾柄上部有红斑覆盖 切边清晰、整齐、整体红斑呈二段、三段、四段或闪电状	应有横跨背脊中轴线的大块红斑，躯干两侧红斑匀称 从鼻孔到尾鳍基部的红斑总量须占鱼体整体表面积的 30%~60% 吻部、眼部或有 1~2 块小红斑 背鳍、胸鳍无红斑或有 1~2 块小红斑 尾柄上部有红斑覆盖 切边清晰、整齐、整体红斑呈二段、三段、四段或闪电状	红斑可为小块斑纹，躯干两侧斑纹较匀称 从鼻孔到尾鳍基部的红斑总量无要求 吻部、眼部、颊部、鳃盖或有红斑 各鳍允许有红斑出现 尾柄处对红斑无要求 切边较清晰	红斑可为小块斑纹，或有杂色的小块斑纹，躯干两侧红斑不匀称 从鼻孔到尾鳍基部的红斑总量无要求 头部红斑分布杂乱 各鳍红斑分布杂乱 尾柄处对红斑无要求 切边可不清晰
鳞	鳞片排列整齐，无脱落或缺损，无多余赘鳞及再生鳞	鳞片排列整齐，无脱落或缺损，无多余赘鳞及再生鳞	—	—

（二）大正锦鲤

它是体表白色，具红色斑纹及少量墨色斑纹的锦鲤（表2.2）。

表2.2　大正锦鲤分级指标

指标	A 级	B 级	C 级	D 级
体形	体高/体长：1/（2.6~3.0） 尾柄粗壮、侧视背脊呈弧线	体高/体长：1/（2.6~3.0） 尾柄粗壮、侧视背脊呈弧线	体高/体长：1/（2.4~3.3） 尾柄粗壮、侧视背脊呈弧线	体高/体长：1/（2.2~3.6） 尾柄较细、侧视背脊呈弧线
颜色	整体色彩鲜明，色泽明亮 底色瓷白，不可掺杂其他颜色，也不得有杂点、杂斑 红斑质地均匀且浓厚 墨斑质地均匀且浓厚 颜色整体分布协调	整体色彩鲜明，色泽明亮 底色瓷白，不可掺杂其他颜色，也不得有杂点、杂斑 红斑质地均匀且浓厚 墨斑质地均匀且浓厚 颜色整体分布协调	整体色彩鲜明 底色白色可略带米色，不可掺杂其他颜色，可有少量杂点、杂斑 红斑颜色较淡 墨斑颜色较淡 颜色整体分布基本协调	整体色彩较淡 底色白色略泛黄，可掺杂其他颜色，或有杂点、杂斑 红斑颜色较淡 墨斑颜色较淡 颜色整体分布基本协调
斑纹	应有横跨背脊中轴线的大块红斑，躯干两侧红斑匀称 头部无墨斑，鱼体墨斑为小块状 从鼻孔到尾鳍基部的红斑总量须占鱼体整体表面积的30%~60%。躯干部墨斑总量须占鱼体整体表面积的5%~10% 头部红斑不应延伸至吻部，两侧不应延伸至眼上缘，眼部、颊部、鳃盖须无红斑 胸鳍可有放射状墨斑，其余各鳍无色斑 尾柄上部有红斑、墨斑覆盖	应有横跨背脊中轴线的大块红斑，躯干两侧红斑匀称 头部无墨斑，鱼体可以部分具点状墨斑 从鼻孔到尾鳍基部的红斑总量须占鱼体整体表面积的30%~60%。躯干部墨斑总量须占鱼体整体表面积的5%~30% 吻部、眼部或有1~2块小红斑 胸鳍可有放射状墨斑或红斑，其余各鳍可有1块墨斑或红斑 尾柄上部有红斑、墨斑覆盖	红斑可为小块斑纹，躯干两侧斑纹较匀称 头部可有1~2块墨斑，鱼体可以有点状墨斑 从鼻孔到尾鳍基部的红斑总量无要求。躯干墨斑总量须占鱼体整体表面积的5%~30% 吻部、眼部、颊部、鳃盖或有红斑 胸鳍可有放射状墨斑或红斑，其余各鳍可有2~3块墨斑或红斑 尾柄处对红斑、墨斑无要求	红斑可为小块斑纹，或有杂色的小块斑纹，躯干两侧红斑不匀称 头部可有1~2块墨斑，鱼体可以有点状墨斑 从鼻孔到尾鳍基部的红斑总量无要求。躯干部墨斑总量无要求 头部红斑分布杂乱 各鳍红斑、墨斑分布无要求 尾柄处对红斑、墨斑无要求

续表

指标	A 级	B 级	C 级	D 级
斑纹	红斑、墨斑切边清晰、整齐，整体红斑、墨斑分布均匀 仅有部分或无以上特征，但红斑别具一格，流畅动感，形如闪电状，极具观赏性 红斑错落有致，形成横向有序若段纹，极具观赏性	红斑、墨斑切边清晰、整齐，整体红斑、墨斑分布均匀 仅有部分或无以上特征，但红斑别具一格，流畅动感，形如闪电状，极具观赏性 红斑错落有致，形成横向有序若段纹，极具观赏性	红斑、墨斑切边清晰、整齐，整体红斑、墨斑分布均匀 仅有部分或无以上特征，但红斑别具一格，流畅动感，形如闪电状，较具观赏性 红斑错落有致，形成横向有序若段纹，较具观赏性	红斑、墨斑切边不清晰
鳞	鳞片排列整齐，无脱落或缺损，无多余赘鳞及再生鳞	鳞片排列整齐，无脱落或缺损，无多余赘鳞及再生鳞	—	—

（三）昭和锦鲤

它是体表墨色，具红色斑纹及少量白色斑纹的锦鲤（表 2.3）。

表 2.3　昭和锦鲤分级指标

指标	A 级	B 级	C 级	D 级
体形	体高 / 体长：1/（2.6~3.0） 尾柄粗壮、侧视背脊呈弧线	体高 / 体长：1/（2.6~3.0） 尾柄粗壮、侧视背脊呈弧线	体高 / 体长：1/（2.4~3.3） 尾柄粗壮、侧视背脊呈弧线	体高 / 体长：1/（2.2~3.6） 尾柄较细、侧视背脊呈弧线
颜色	整体色彩鲜明，色泽明亮 墨斑质地均匀且浓厚 底色瓷白，不可掺杂其他颜色，也不得有杂点、杂斑 红斑质地均匀且浓厚	整体色彩鲜明，色泽明亮 墨斑质地均匀且浓厚 底色瓷白，不可掺杂其他颜色，也不得有杂点、杂斑 红斑质地均匀且浓厚	整体色彩鲜明 墨斑色彩较淡 底色白色可略带米色，不可掺杂其他颜色，可有少量杂点、杂斑 红斑颜色较淡	整体色彩较淡 墨斑色彩较淡 白色略泛黄，可掺杂其他颜色，或有杂点、杂斑 红斑颜色较淡
斑纹	应有横跨背脊中轴线的大块红斑，躯干两侧红斑匀称 头部无墨斑，鱼体墨斑为小块状	应有横跨背脊中轴线的大块红斑，躯干两侧红斑匀称 头部无墨斑，鱼体可以部分具点状墨斑	红斑可为小块斑纹，躯干两侧斑纹较匀称 头部可有 1~2 块墨斑，鱼体可以有点状墨斑	红斑可为小块斑纹，或有杂色的小块斑纹，躯干两侧红斑不匀称 头部可有 1~2 块墨斑，鱼体可以有点状墨斑

指标	A 级	B 级	C 级	D 级
斑纹	从鼻孔到尾鳍基部的红斑总量须占鱼体整体表面积的10%~30%。从头部到尾鳍基部的墨斑分布均匀，总量须占鱼体整体表面积的20%~50%。斑纹整体协调性好	从鼻孔到尾鳍基部的红斑总量须占鱼体整体表面积的10%~30%。从头部到尾鳍基部的墨斑分布均匀，总量须占鱼体整体表面积的20%~50%。斑纹整体协调性较好	从鼻孔到尾鳍基部的红斑总量无要求。从头部到尾鳍基部的墨斑总量须占鱼体整体表面积的20%~50%。斑纹整体基本协调	从鼻孔到尾鳍基部的红斑总量无要求。从头部到尾鳍基部的墨斑总量无要求。斑纹整体基本协调
	头部红斑不应延伸至眼上缘，眼部、颊部、鳃盖无红斑	吻部、眼部或有1~2块墨斑或红斑	吻部、眼部、颊部、鳃盖或有红斑	头部红斑分布杂乱
	各鳍除胸鳍基部可有片状墨斑外，其余各鳍无色斑	背鳍、胸鳍无红斑或有1块墨斑或红斑	各鳍除胸鳍基部可有片状墨斑外，其余各鳍可以有2~3块墨斑或红斑	各鳍红斑、墨斑分布杂乱
	尾柄上部有红斑、墨斑覆盖	尾柄上部有红斑、墨斑覆盖	尾柄处对红斑、墨斑无要求	尾柄处对红斑、墨斑无要求
	红斑、墨斑切边清晰、整齐，整体红斑、墨斑分布均匀	红斑、墨斑切边清晰、整齐，整体红斑、墨斑分布均匀	红斑、墨斑切边较清晰	切边可不清晰
	仅有部分或无以上特征，但红斑别具一格，流畅动感，形如闪电状，极具观赏性	仅有部分或无以上特征，但红斑别具一格，流畅动感，形如闪电状，极具观赏性	仅有部分或无以上特征，但红斑别具一格，流畅动感，形如闪电状，较具观赏性	
	红斑错落有致，形成横向有序若段纹，极具观赏性	红斑错落有致，形成横向有序若段纹，颇具观赏性	红斑错落有致，形成横向有序若段纹，较具观赏性	
鳞	鳞片排列整齐，无脱落或缺损，无多余赘鳞及再生鳞	鳞片排列整齐，无脱落或缺损，无多余赘鳞及再生鳞	—	—

第三章

锦鲤的养殖技术

第一节　养殖用水和养殖容器

锦鲤养殖需要良好的水质条件，水对锦鲤和空气对人一样重要，所以良好的水质是养殖锦鲤成功的第一要素。饲养、繁殖锦鲤用水，从外表看清澈透明，但是其中溶解有很多种可溶性盐类，如果这些可溶性盐类中的钙、镁等盐占的比例较大，则水的硬度就高，这样的水称硬水；如果水的钙、镁离子含量较低，水的硬度则较低，这种水称软水。锦鲤在人工饲养中，排泄的粪便和未吃完的食物在水中分解，会产生有害物质，影响锦鲤的生长和繁殖。所以为了保证锦鲤的正常生长和发育，必须加强水质管理，保持良好的水质环境。

一、水的种类

养殖锦鲤用水可选择地表水，如江河、湖泊水等；地下水，如井水、泉水、自来水等。为了促进锦鲤的颜色鲜艳且富有光泽，必须将水质调整至理想状态。

（一）地表水

地表水溶氧丰富，有大量的浮游生物作为锦鲤的饵料，养殖的锦鲤色彩比较鲜艳。但存在杂质较多、浑浊、水质极易变质，使用前必须经过生化过滤处理。

（二）地下水

使用地下水时，由于水中所含物质因地点而异，因此使用前需要进行水质检测。一般地下水富含有益的矿物质，但也有重金属离子含量超标、水的硬度较大、浮游生物不多、溶解氧较低等问题，要经过日晒升温以及曝气后方可用于养殖锦鲤。

（三）自来水

自来水是我国养殖锦鲤的主要用水之一，自来水水质比较清洁，含杂质少，细菌和寄生虫也少，使用方便。我国绝大多数的自来水厂在净化自来水时，都要使用氯气或漂白粉、明矾等化学药剂，水中残留的氯气以溶解氯的形式存在，对锦鲤有一定毒性。实验表明，如果将锦鲤放在含溶解氯较高的水中，容易导致鳃黏膜损伤、鳃部充血，严重时会导致锦鲤死亡，因此不经过除氯处理的自来水不要直接使用。

常用曝气法将水中残留氯气除去，方法是将自来水置于空盆或池中，暴晒沉淀 2~3 d 后再用。如果需要马上用自来水，快速除去自来水中氯的方法有化学法，即利用氯与一些化学药品发生化学反应的方法除去氯。常用的药品主要是硫代硫酸钠，又称次硫酸钠，商品名称叫海波。它与氯的反应过程是：$Na_2S_2O_3+4Cl_2+5H_2O=2NaHSO_4+8HCl$。用量是：$1m^3$ 水体中加入小米粒大小的硫代硫酸钠 100 粒。

输送自来水的管道多埋于地下，因此受空气温度的影响较小。特别是在夏、秋季节，直接放出的自来水水温低于气温，因此在使用前必须经过晾晒处理，使水温接近于气温。如果使用较凉的自来水养殖锦鲤，特别是幼鲤，可能会因为水温变化过大而导致感冒，严重者会发生死亡。

（四）雨水

这是一种天然水，只要降水地区的空气没有受到污染，所得到的雨水是十分纯净的。但是雨水在降落过程中会吸附一些空气中的杂质，导致雨水中含有多种不良因子，所以在工业发达地区，雨水饲养锦鲤使用前必须经过处理。

当下雨的时候，用一些面积较大的干净容器收集一些雨水备用。饲养实践表明，雨水对锦鲤的生长发育很有好处。一些锦鲤养殖技术先进的国家，如日本、英国等，锦鲤爱好者仍然喜欢收集雨水以供饲养、繁殖锦鲤之用。

不管是用哪种水源，都不宜短时间往锦鲤池内加入太多的新水，否则锦鲤会因温差过大引发健康问题。

二、水质对锦鲤的影响

不同水质对锦鲤的影响不同，影响水质的因素主要有水体的 pH 值、二氧化碳等。

（一）水体 pH 值对锦鲤的影响

正常的水体 pH 值为 7~8，当 pH 值小于 7 时水体呈酸性，锦鲤的呼吸频率降低，出现活动减慢、食欲差、生长停顿；当 pH 值大于 8 时水体呈碱性，碱性过大会影响锦鲤生长以致死亡。

（二）水体二氧化碳对锦鲤的影响

二氧化碳的含量有明显的昼夜变化，水体中二氧化碳含量偏高，会降低锦鲤体内血红蛋白与氧的结合能力，在这种情况下，即使水体中溶解氧含量不低，锦鲤也会发生呼吸困难。

三、常用的水质处理试剂和水质测试剂

水质处理试剂主要有水质安定剂、水质处理剂、水质澄清剂、活性硝化细菌等。水质测试剂种类较多，主要是用来检测水中的 Cl^-、CO_2、CU^{2+}、NH_4^+、NH_3、NO_3^-、NO_2^-、溶解氧等浓度及 pH 值的专用检测试剂，它们的特点和作用也各不相同。

（一）水质安定剂

水质安定剂的主要作用是可以有效地中和水中残留的氯和溶解性盐类，去除水中一切重金属离子，保护锦鲤的黏膜组织，减少锦鲤运输期间的应激反应，以适应不同水环境。

（二）水质处理剂

水质处理剂可将自来水改良成符合锦鲤养殖水域的水质状况和生活环境，去除水中有毒重金属离子，预防细菌性和真菌性病原体感染，抑制藻类生长。

（三）水质澄清剂

水质澄清剂可以安全、快速地凝集水中游离杂质和悬浮颗粒，使水质澄清，也叫水质净化剂。

（四）活性硝化细菌

活性硝化细菌可在极短时间里大量繁殖，快速阻止和降低水中亚硝酸盐含量的积累。同时，可在短期内迅速建立生物过滤系统，有效地促进氮循环。

（五）Cl^- 测试剂

Cl^- 测试剂可以随时检测水中残留氯的浓度，确保锦鲤鳃组织和黏膜层不因氯含量过高而被破坏，甚至死亡。

（六）CO_2 测试剂

CO_2 测试剂可长期检测水中二氧化碳的浓度，确保锦鲤生长最佳的水质环境。

（七）Cu^{2+} 测试剂

Cu^{2+} 测试剂可以随时检测水中残留铜离子的浓度，确保锦鲤不因为铜含量过高而导致重金属元素中毒，甚至死亡。

（八）NH_4^+、NH_3 测试剂

NH_4^+、NH_3 测试剂可以随时检测水中氨和铵离子的浓度，避免浓度过高造成锦鲤血液、神经系统的破坏。

（九）NO_2^- 测试剂

NO_2^- 测试剂可以随时检测水中亚硝酸盐的浓度，NO_2^- 过高会破坏锦鲤的氧气吸

收能力，造成锦鲤红细胞抗氧能力降低而无法供应足够的氧气，导致窒息死亡。如果 NO_2^- 的含量为 0.3~0.5mg/L 时，需要添加适量活性硝化细菌 3~5 d；如果 NO_2^- 含量高于 0.5mg/L，需要大量换水（换水量占总水量的 1/2 以上）。

（十）NO_3^- 测试剂

NO_3^- 测试剂可以随时检测水的硝酸盐的浓度，硝酸盐浓度过高会促使藻类大量生长，对锦鲤造成伤害。

（十一）pH 值测试剂

pH 值测试剂可以随时检测水的酸碱度，可配合使用 pH 值调高剂、pH 值调低剂来控制水的酸碱度。

（十二）溶解氧检测

可以用专用仪器和检测试剂现场检测水体溶解氧的浓度。

四、锦鲤池（缸）的换水

锦鲤在水中的排泄物、吃剩的饵料、外界飘落的异物等，常沉积在水中，经微生物分解发酵后容易使水质变坏。锦鲤的排泄物以氨、氮为主要成分，水中氨、氮含量过高对锦鲤生长有害，换水是减少水中氨、氮含量的主要措施。

（一）换水方式

锦鲤池（缸）换水的方式根据实际需要及换水量的多少分为彻底换水和部分换水。换水后注意水温、硬度等条件须与原水质相差不宜过大。同时，全池换水对繁殖期的锦鲤亲鱼可起到促进食欲、增强新陈代谢、促进卵细胞成熟的作用。

1. 彻底换水

水族箱养殖锦鲤彻底换水时应拔掉饲养器材的电源，将锦鲤捞至与原水温相近的容器中，放入增气泵气头增氧，防止换水时间过长导致锦鲤出现缺氧症状。把缸内旧水用吸管放出，取出鹅卵石、水草并清洗消毒（可用淡盐水或高锰酸钾溶液浸泡）。将玻璃缸四周冲洗干净，尤其观赏面玻璃上的锈渍可用去污粉擦洗干净，并用少量淡盐水或高锰酸钾溶液浸泡、冲洗鱼缸，消毒后再冲洗干净，注满新水（新水是指经日晒 2~3d 的自来水）。锦鲤可用 1%~2% 盐水洗浴 5~10min。随后把水草、鹅卵石放好后，再把锦鲤放入缸内即可。彻底换水的次数控制在冬天 1 月或更长些时间 1 次，夏天 10~15d 换 1 次。一般情况下不采取全部换水的方法，防止因水质差异使锦鲤产生应激反应而发生意外，同时捕捞时容易发生机械性损伤，引发疾病。

2. 一般换水

一般换水指每隔 1~3 d 换水 1 次，主要是用吸管吸除锦鲤缸内的粪便、残饵和旧水。吸除水量控制在 1/10~1/4，如水质不良时可吸去 1/3~1/2。然后徐徐注入等温、无氯新水。也可购买过滤器放入锦鲤缸内，每天定时开 1~2 次，每次 1~2 h，这样既可保持锦鲤缸水质清澈、良好，又可减少一般换水和彻底换水的次数。在锦鲤池（缸）换水的操作过程中，要掌握轻、慢、稳，避免损伤锦鲤，更不能用力搅拌池水，以防止水压损伤锦鲤的体内组织。在加注新水过程中，水流动要慢，以免流速过大产生冲击力而损伤锦鲤体表。

（二）换水与天气、时间的关系

对于室外的养殖池塘，在炎热夏季，有时 1 d 要换 2 次水，分别在日出以前和日落以后。但大多数情况下每天在日落后，进行 1 次换水或注水。

换水应选择晴朗的天气，夏季宜在早晨 7：00~8：00，春、秋两季则以上午 9：00~11：00。在寒冷季节换水，必须在下午 2：00 开始，下午 5：00 前结束，选择有阳光的好天气进行。寒冷季节，锦鲤池（缸）是否换水，要视水质情况而定。肉眼观察水色呈黄色或灰色，闻之发臭、酸腥时，就要换水；在室外池中如果有融雪水进入池中也要换水。但是换水太勤，锦鲤会褪色。

为了保持水质清洁，池（缸）水不受污染，饲养锦鲤的容器要每隔 1~2 周刷洗 1 次，清除容器边沿的绿苔，以免因苔毛过长影响锦鲤活动和水质变坏。但不要破坏陶质容器或水泥池壁的青苔绒底，刷洗时只清除苔面上的黏液杂质，保护好苔底。厚厚的苔绒壁有利于锦鲤栖息，保护锦鲤不被擦伤，并在白天光合作用产生氧气，可以起到调节水温的作用，同时美化锦鲤游动环境。

五、养殖容器

锦鲤养殖时，如果需要抑制生长而用于观赏，可以在玻璃水族箱养殖；如果需要快速生长，可在土池塘或水泥池里养殖。养殖锦鲤容器的大小与生产规模有关。养殖容器不仅是锦鲤的生活环境，也直接影响锦鲤体态、色泽等质量优劣。

如果只享受观看和欣赏锦鲤优雅地游动，可使用不规则的、自由形状的池塘，池的边缘可用不规则的砖石设计，但池壁要平整，池底要平坦；如果选择池塘的主要目的是健康养殖管理，那么长方形池塘最合适，椭圆形池塘也可以；如果是圆形池塘，拉网操作不太方便。

（一）水泥池

它是生产厂家较多采用的一种，庭院、公园养殖锦鲤比较常见，可以在室内，也可以在室外。形状有正方形、长方形或圆形等，用砖或混凝土筑成。锦鲤池一般多采用 1 m×1 m、2 m×2 m、3 m×3 m、3 m×4 m、4 m×4 m 等规格。锦鲤池水深以 0.8 m 左右为宜，最深处 1~1.2 m。如果冬天不进室内越冬，深度可加深至 1.5 m。池的四角做成圆弧形，有利于洗刷池壁污物。

大面积饲养池宜做成双排式，中间设一条进水管道。锦鲤池应有分开的进水和排水系统。每个锦鲤池均有独立的进、排水口。

水泥池地点选择在通水、通电、通路的地方，特别是要有充足的水源，最好能背风向阳，避开高层建筑和高大的树木以及有毒废水、有害气体的工厂等。

（二）土池

养殖锦鲤池塘面积 1~10 亩均可，但水深以 1~2 m 为宜。为了锦鲤的防暑或越冬，要求深水区最高水位 2 m 以上。土池要求进、排水系统齐全，形状以东西长于南北的长方形为好，堤坡以 1:（1~1.5）为宜。

（三）水缸

水缸是中国传统饲养锦鲤的容器，常用的有黄沙缸、泥缸、陶缸、瓷缸等。通常盛水量在 60 L 左右，适宜于饲养锦鲤苗、幼鱼等。

（四）木盆

木盆多为圆形，一般直径 0.7~1.5 m，盆高 0.3~0.5 m，是锦鲤养殖必备的暂养容器，冬天将其搬进室内可以越冬，春天移至室外也方便。

（五）水族箱

水族箱是家庭养殖锦鲤普遍采用的设施。其形状、大小可视需要自由选定，主要是由玻璃制作，有完善的过滤系统，第五章有详细说明。

（六）自控封闭循环水族箱

其构造由两部分组成，即水族箱和调控箱。调控箱内是水质的自动控制设备，具有循环、水的净化处理、集污、排污、增氧、杀菌、加热、制冷、照明、自动控制水温等功能。能保证水温、水质等指标的平衡、稳定，受外界环境条件的影响很小，很适合锦鲤等水生生物生活习性的要求，可作为宾馆、饭店、公园及居家美化环境陈列的观赏品。

第二节　池塘养殖锦鲤

　　室外池塘养殖锦鲤是我国大部分地区的主要养殖模式，河南省池塘养殖锦鲤占锦鲤养殖面积的 80% 以上。池塘养殖以专养锦鲤为主，为充分利用水体资源也有套养模式。

一、池塘专养锦鲤

（一）池塘准备

1. 位置

　　为了取得高产，获得较高的经济效益和观赏价值，要选择水源充足、排注水方便、

无污染、交通便利的地方建造锦鲤鱼池，这样既有利于排注水，也便于鱼种、饲料和成鱼的运输。

2. 水质

水源以无污染的江河、湖泊、水库水最好，也可以用井水，水质要符合渔业用水标准，无污染、无毒副作用。

3. 面积

养殖锦鲤的池塘面积以 1~5 亩为宜，最大不超过 10 亩，5 亩左右的高产池塘要求配备 1~2 台 1.5 kW 的叶轮式增氧机。此面积的成鱼饲养池既可以给锦鲤提供较大的活动空间，也可以稳定水质，更重要的是表层和底层水能借风力作用不断地对流、混合，改善下层水的溶解氧条件。如果池塘面积过小，水环境不太稳定，并且堤坡占面积大，相对缩小了养殖水面。如果池塘面积过大，投喂饵料不易全面，导致摄食不匀，影响锦鲤整体规格和效益。

4. 水深

锦鲤对池塘的容量有一定要求，根据生产实践经验，成鱼饲养池的水深应在 1.5~2 m，不宜过深，深层水中光照度很弱，光合作用产生的溶解氧量很少，浮游生物也少，不利于锦鲤生长。

5. 土质

要求土具有较好的保水、保肥、保温能力，有利于浮游生物的培育和增殖。根据生产经验，以壤土最好，黏土次之，沙土最劣。一般池底淤泥的厚度应在 30 cm 以下。如果在沙土地开挖鱼池，可用土工膜铺在池塘底部及四周边坡；如果池塘较大，底部再回填 30 cm 左右的土层。

6. 遮阳 (遮挡直射光)

阳光直接照射池塘时，锦鲤粪便、残饵中含有大量氨、氮等有机物容易产生藻类，引起水质恶化。为了避免阳光直射和水鸟捕食，通常在池塘上方搭建覆盖物，一般用网线搭建在池塘上方。

（二）放养密度

饲养锦鲤之前，首先要考虑土池面积及所能容纳锦鲤的尾数。土池饲养密度，要根据土池的面积、水量、水温、溶解氧状态、锦鲤大小及生长情况等来调节。

锦鲤水花放养密度 1 万尾 ~4 万尾 / 亩，根据苗种质量，养殖条件和技术而定。"三选"之后的锦鲤鱼苗放养密度 1 000~3 000 尾 / 亩，可套养体长 10 cm 左右的花白鲢 200 尾 / 亩。2 龄鱼可套养规格单个体重 500 g 左右的花白鲢 30~50 尾 / 亩。套养花白鲢可起到调节水质的作用。

（三）饲料与投喂

锦鲤的生长发育、游动以及繁殖后代所需营养成分均由优质饵料提供。饲料投喂要坚持"四定"原则，即定时、定量、定质、定点。颗粒饲料的投喂量：一是按池塘锦鲤体重的 3%~5% 分几次投喂；二是看锦鲤的食欲表现，按锦鲤的摄食习惯搭设食台或安装投饵机，遵照"四定"的投饵原则。如果投喂鱼虫等活饵料，一般 6~9 月上午 8：00 以前投喂 1 次，其余月份在上午 9：00 投喂。

（四）日常管理

渔谚"三分养，七分管"，说明管理比饲养更重要。锦鲤是低等变温动物，其生存要有充足的氧气、适宜温度、适当的活动范围以及清新的水环境。能否养出经济价值和观赏价值均较高的锦鲤，很大程度上取决于养殖者的日常管理。日常管理用"仔细、轻缓、谨慎、小心"八个字来概括。掌握养殖锦鲤技术的要领，就会降低疾病损失，水体保持清洁，养殖的锦鲤品质优良。

1. 观察水质清洁卫生情况

水质是锦鲤生存的第一要素，水质的好坏直接影响锦鲤的生长发育、繁殖以及生命安全。整个养殖过程都要保持水的清洁卫生，避免有毒物质或异物的污染。对漂浮异物、池底沉淀异物、变质饵料、粪便等要及时清除干净。如果水质污染严重，要清池换水。同时根据污染程度对锦鲤池进行刷洗和药物消毒，以确保用水的清洁卫生。

2. 观察水的溶解氧情况

室外锦鲤池中的溶解氧含量以 4 mg/L 为宜，如果达到 5 mg/L 以上则更佳。如果低于 3 mg/L，锦鲤体内代谢状态会出现异常。气温、水中杂质、饲养密度、浮游动物以及水草是影响水中溶解氧含量的重要因素。气温越高，水中溶解氧量越低；水中杂质过多，会分解消耗水中溶解氧；锦鲤放养密度过大，耗氧量就大；水中浮游生物和水草夜间呼吸耗氧等，都会造成溶解氧不足。如果发现溶解氧不足，要加注新水或开增氧机增氧。

3. 测定水的理化因子

测试水中 pH 值可用 pH 试纸，也可通过锦鲤的活动来判断。水呈酸性则锦鲤的呼吸功能降低，出现活动减慢、食欲差、生长停顿；碱性过大会影响其生长以致死亡。在饲养中通常用石灰水调节水质酸碱度。

4. 观察活动及摄食情况

锦鲤有集群活动和底层觅食的习惯，如发现有离群独游以及游动姿态异常（如仰游、锦鲤体偏向一侧、头部下沉等），就可判定该锦鲤有异常，要及时处理。锦鲤摄食喜欢集群而动，投饵后立即数尾集群吃饵，此时如果发现有锦鲤对饵料不感兴趣，或吃吃停停，说明该锦鲤有异常，应隔离检查。

5. 观察锦鲤的精神、呼吸及粪便等情况

锦鲤在活动时，眼睛有神，左右转动，游动自如，则表明精神好；如果眼光呆板，游动迟缓或独处，则精神不好。如发现锦鲤鳃盖舒张、关闭无力或过分用力，说明呼吸困难；锦鲤浮出水面呼吸说明呼吸困难，应查明原因，检查水中是否缺氧，或是否因锦鲤患病引起，应采取相应措施。锦鲤的肛门括约肌不发达，收缩无力，有时不能弄断粪便，因此常常看到锦鲤拖着一条粪便到处浮游，这是正常现象。锦鲤粪便因饲料不同颜色不同。吃动物性饵料，粪便为灰黑色条状；吃植物性饵料，粪便为白色条状。如果发现锦鲤粪便为沉于水底的黄绿色稀便或锦鲤排泄泡沫状粪便，说明其消化系统异常，要及时诊断治疗。

6. 观察锦鲤的体表

锦鲤体表有鳞片覆盖，鳞片外有一层黏膜保护，如黏膜和鳞片损伤，寄生虫、病毒容易侵袭锦鲤体表而发病，须及时处理。

日常观察管理是一项耐心细致、技术性和责任心强的工作，也是饲养锦鲤的基本要求，必须认真做好并持之以恒。

二、池塘套养锦鲤

池塘套养锦鲤可以合理利用饲料和水体，发挥养殖鱼类之间的互利作用，降低养殖成本，提高养殖产量和效益。

（一）套养锦鲤的原则

在成鱼养殖池中套养锦鲤时，对主养鱼类没有特别要求，温和的四大家鱼、小型肉食性鱼类等均可。池塘套养锦鲤时应充分考虑锦鲤个体小、杂食偏动物食性、底栖性等特点，确定套养原则。

一是如果锦鲤套养在主养肉食性鱼类的池塘，对主养鱼类和锦鲤的规格都有一定的要求。若两者规格相差较大，锦鲤太小时，肉食性鱼类有可能将它作为天然活饵料而吞食。

二是锦鲤为底栖性、杂食性鱼类。锦鲤的食性与鲤鱼、鲫鱼等基本相同，栖息空间也相似。池塘主养这些鱼类时只能套养少量的锦鲤，对主养鱼类投喂足量的饲料，不能影响锦鲤的生长。

三是在饲养河蟹、虾类的水体中不宜套养锦鲤，如果放养锦鲤，虾、蟹在蜕皮期间，容易被锦鲤吞食。

（二）池塘环境

池塘位置、面积等条件应随主养鱼类而定，但必须是无污染的水体，pH 值 6.5~8.5，溶解氧在 4 mg/L 以上，浮游生物、底栖动物丰富。

三、实例

（一）河南泌阳——示范户养殖模式

1.1 龄精品鱼池塘养殖模式

以 5 亩池塘为例，5 月 1 日每亩用生石灰 75~100 kg 清池消毒，5 月 4 日用氨基酸肥水素＋藻种源培水，5 月 7 日解毒调水，5 月 8 日投放优质红白锦鲤水花 25 万尾，6 月 13 日"初选"，6 月 25 日至 6 月 30 日"二选"，"三选"订苗 4 500 尾，11 月 6 日出塘 4 000 尾精品，鱼长 35~40 cm，3 500 尾平价每尾 180 元，留养 500 尾均价 400 元，总产值 73 万元。成本投资：投喂饲料 5 t，饲料单价 14 000 元 /t，饲料费用 7 万元，饲料投资是主要成本，建议投喂国内知名的优质锦鲤膨化饲料，其他费用有人工费、水电费、塘租、鱼药、购买水花价，总投资 28 万元，净利润 45 万元。在养殖过程中每月肥水、调水是关键，鱼苗前六七月每天投喂 6 次。

2.2 龄精品鱼养殖模式

以 5 亩为例，3 月底清塘消毒肥水，投放 35~40 cm 精品留养鱼 400 尾，年底出塘，鱼规格达 60~65 cm，每尾均售价 2 000 元，总产值 80 万元，总支出 20 万元，净利润 60 万元。每天投喂 4 次，每月用微生态制剂调水。

（二）河南焦作——示范户养殖模式

1. 夏花当年养商品鱼模式

4 月，将人工繁殖的锦鲤水花放入池塘养殖，放养密度为 5 万尾 / 亩，养殖 30 d 左右进行鱼苗"一选"。"一选"后养殖 25~30 d，根据天气和鱼苗长势进行"二

选"。"二选"后放养密度 5 000 尾 / 亩左右，6~7 月"三选"，放养密度 2 000~3 000 尾 / 亩，养殖到年底，养殖规格达到 350 g / 尾左右，可作为商品鱼出售，单产 1 000~1 500 kg / 亩，单价 40 元 / kg，产值 5 万元左右，亩利润 1 万 ~2 万元。

2.2 龄精品鱼养殖模式

"三选"后的锦鲤经过越冬后翌年再养殖，大规格鱼种投放密度 500~600 尾 / 亩，养成精品鱼，规格达 3.0~3.5 kg / 尾，单产 1 000~1 500 kg / 亩，精品鱼市场单价可达 100~200 元 / kg，产值 20 万元；也可以论条卖，养殖效益更高。

第三节 漏斗型池塘循环水养殖锦鲤

2021 年以来，郑州市水产技术推广站、河南省水产技术推广站、河南省水产科学研究院联合研发了"漏斗型池塘生态循环养殖系统及方法"（简称河南"168"模式），在此核心技术的基础上，结合生产实践推广应用，创新性总结出一种新型集约化生态养殖锦鲤新模式，即漏斗型池塘循环水养殖锦鲤技术。该技术已成为河南省农业主推技术在全国推广应用。

漏斗型池塘循环水养殖锦鲤模式由 5~8 个单独漏斗型池塘循环水养殖系统组成，锦鲤分级 (A 级、B 级、C 级) 饲养，其中配套 1 个凶猛肉食性鱼类池塘。利用"抽水马桶式"漏斗型池塘特有的清洁化生产功能，以及易管理、好操作、夏季拉网影响小等优点，通过生态循环健康养殖，每月拉网分级，及时淘汰残次品，低档锦鲤直接投喂凶猛肉食性鱼类，高中档锦鲤分级分池饲养，达到提升整体品质、降低成本和增加效益的目的。

一、技术优势

该技术符合国家"十四五"提出的水产绿色养殖池塘"五化"要求，即标准化、集约化、机械化、智能化、清洁化。①标准化：漏斗型池塘、生态净化系统和鱼粪、残饵收集装置标准化。②集约化：26 m 直径圆形池产量 1.5 万 kg 以上，可建大棚保温实现全年养殖，同时能节约土地50%，节约水资源80%以上。③机械化：配增氧机、节能泵、投饵机等渔业装备达到增氧推水、收集鱼粪、自动投饵。④智能化：全自动高效收集鱼粪，减小劳动强度，降低劳动成本。⑤清洁化：

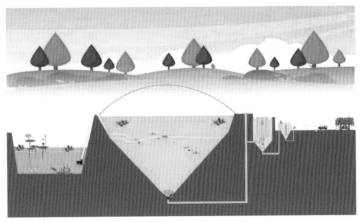

漏斗型池塘养殖系统剖面图

池塘漏斗型设计，犹如给鱼类安装了"抽水马桶"，能及时收集移除75%以上的鱼粪、残饵，有效净化养殖水体。

该技术主要解决了传统池塘养殖锦鲤的弊端，如养殖锦鲤需要不断挑选、去次留好，而普通池塘养殖锦鲤存在生长季节及时拉网分级挑选困难、病害多发和产量低等诸多主要问题。

2021年郑州市水产技术推广站在中牟县河南旭华农业基地进行锦鲤养殖试验，采用该技术，整个生长季节放养时因运输受伤少量死亡外，具有少病害、易操作、随时挑选、生长速度快、颜色艳丽、效益高等优点，2022年、2023年又经郑州、新乡多地推广应用，效果非常明显。目前该技术正在全省锦鲤养殖户中推广应用。

和传统池塘养殖相比，应用该技术可提高产量6倍以上、节水80%以上、减少鱼病80%以上，实现了随时拉网挑选。夏季通过加注井水降温挑选，避免高温季节鱼的应激反应，大大降低死亡率；小水体能全部上网挑选，避免了高中低档、残次品混养，实现分级饲养；同时将挑选出的次品、低档锦鲤作为肉食性鱼类如观赏鱼银龙鱼、狗仔鲸的活体饵料，降低成本50%以上，提高经济效益60%以上。单池独立净化系统，避免了相互交叉感染。在运行过程中，鱼粪收集发酵处理，生产鱼粪肥，实现资源化循环利用。另外利用该技术简单的优点，建设小水体展示销售池，只占展示销售车间投资的10%左右。搭建保温大棚，黄河中下游地区，实现全年养殖。还可利用其灵活的优点，在荒山荒沟、边角地进行该技术养殖锦鲤，增加发展新空间，与农田灌溉结合，实现"一水两用、效益叠加"。利用河南区位优势建设全国最大的精品锦鲤集散地，助推乡村振兴，对黄河流域生态保护和高质量发展具有重要意义。

二、核心技术及配套技术

（一）池塘建设

漏斗型池塘采取在土基上挖制而成，直径15~26 m，中间池深 3~5 m，一般下挖 2~3 m，垫高 1~2 m。池埂内坡比 1：0.5，池底坡比 1：(4~5)，整个鱼池呈漏斗状。

从池塘中心排水口向下 0.5 m 铺设直径 300 mm 循环水管道至池外，落差 0.5 m，由 300 mm 的 PE 弯头连接 300 mm 管道垂直向上，出口稍高于养殖池塘池埂平面，管道下方地基

漏斗型池塘的挖制

夯实，弯头连接处地基混凝土处理。在该管道底部向上 2/3 处连接 300 mm × 200 mm 的 PE 三通的管道，与鱼粪集排装置进水口相连。

管道铺设完毕后，注满水泅实土基，然后排干水后待表面湿润后在养鱼池塘表面的土基上铺设一层土工布保护，特别是池边到池底部分。全池铺设 HDPE 防渗膜，铺膜需安排专业人员施工，池底中间与排水口相接处用混凝

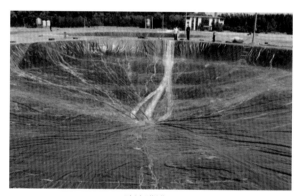

防渗膜铺设

土压实，与管道相接处处理至关重要，严防从此处漏水。池梗埂向外平铺 0.5 m，挖沟下埋 0.5 m 封土固定。

排污口圆形设凹槽，混凝土固定，与防渗膜交接处压实防止渗漏。根据放养鱼类规格安装不锈钢鱼筛做拦鱼筛，可随鱼体大小更换，防止鱼逃跑。

排污口

竖流集污器

池外配套鱼粪收集装置和发酵池，鱼粪收集装置采用制作的竖流集污器，竖流集污器以每小时处理 30 t 水为例，一般主体直径 2 m，高 3.5 m，连接垂直池外的 PE 管道，鱼粪沉淀在集污器底部，定期打开排污阀或由吸污泵排入鱼粪发酵池，鱼粪发酵池可直接安装三格化粪池，鱼粪定期运走做有机肥料。

　　根据现场地形地貌，科学布局，一般 5~8 个一组，分为 A 级、B 级、C 级锦鲤池和凶猛肉食性鱼类池，其中 A 级、B 级各 1 个，C 级 2 个，凶猛肉食性鱼类池 1 个。各个鱼池与生物净化池独自成循环系统。净化池与漏斗型养殖池之比 ≥ 1，长度与养殖池直径相同。水草净化池用钢管立柱固定，附以聚乙烯土工膜隔断，各出水口安装隔离网。

锦鲤高效养殖池塘布局图

　　有条件时可在漏斗型鱼池上方搭建穹顶式钢构大棚，覆盖保温膜，冬季保温，全年养殖，夏季距地面 1 m 处可打开通风降温，保证最佳生长温度。

穹顶式养殖大棚

设备包括水车式增氧机、叶轮式增氧机、循环泵、电动阀、吸污泵、自动投饵机、智能检测监测 (以溶解氧、水温为主)、发电机组，以及鱼粪清运车等。

（二）鱼种放养

放养前 7d 用生石灰或漂白粉清塘消毒，生石灰用量 75~100 kg / 亩水体，漂白粉用量 10~20 kg / 亩水体。放养前设施设备购置、安装与调试，检查进排水系统、各管道是否畅通。新建池塘应缓慢加水，检查无渗漏、无塌陷，管道无漏水、无断裂，通畅，逐步运行。鱼种从知名渔场购进或本场优质种鱼繁育。凶猛肉食性鱼可从观赏鱼市场购进。鲢、鳙鱼种就近购进，要求健康，无病、无伤、无寄生虫。放养密度一般为 C 级锦鲤池 40~80 尾 /m²，B 级锦鲤池 10~20 尾 /m²，A 级锦鲤池 1~3 尾 /m²，亩产量 ≤ 5 000 kg。生物净化池放养鲢鱼 40~80 尾 / 亩，鳙鱼 20~40 尾 / 亩，还可放养 A 级锦鲤 20~30 尾 / 亩，提高收入，放养凶猛肉食性鱼类鱼种 3~5 尾 /m²，淘汰的锦鲤 10~100 尾 /m²，凶猛肉食性鱼类要求规格整齐，体长大于淘汰锦鲤 1 倍以上，定期投放淘汰鱼，满足凶猛肉食性鱼类的摄食需求。

一般每年 5 月初，在 C 级池放养 "一选" 锦鲤，规格为体长 5 cm 以上，品种共 13 大类，其中以红白类、三色类为主。6 月初拉网 "二选"，分级分池饲养。锦鲤的分级标准参考第二章第三节锦鲤的分级。

（三）投喂饵料

投喂浮水型膨化配合饵料，不同等级选择相应专用饵料，粒径随锦鲤的规格不同更换，配合饵料应符合 SC/T1077 的要求。坚持 "四定" 投饵原则，以八成饱为度。水温 20~32℃ 时，每天投喂 2~3 次，随温度降低或升高减少投喂次数，通常低于 10℃ 停止投喂。

（四）日常管理

溶解氧需要保持 6.0 mg/L 以上，及时开启增氧设备，安装溶解氧控制器自动控制增氧机。循环泵安装在生物净化池末端，出水口方向与水车式增氧机方向一致，养殖水体由底部排水口经管道进入鱼粪收集装置，上清水通过管道进入水草净化池拦截吸收水中的悬浮颗粒等有机物，之后进入生物净化池，经鲢鱼、鳙鱼、浮游动植物等净化处理，最后经循环泵抽入漏斗型养殖池，水体循环量保证 72 h 循环 1 次以上，达到生态循环的目的。鱼粪收集装置底部有排污口，定期打开电动阀，或安装吸污泵定时开启，排入发酵池发酵处理，定期由鱼粪清运车拉走。

加强日常管理，坚持早、中、晚巡塘，发现问题及时处理。鱼粪收集、发酵处理，及时清运。定期检查鱼体，发现鱼病，对症治疗，坚持 "以防为主、防重于治"

水车式增氧机

原则。定期采取用生石灰、漂白粉全池遍撒杀菌，中草药驱虫杀虫，内服大蒜、三黄粉、维生素 C 等保肝利胆、增强体质，鱼药使用应符合 NY/T755 规定，严禁使用违禁药品。

填写池塘日志，做好生产记录。

（五）挑选

夏季提前 1d 停止投喂，关闭循环泵，加注井水，降温至 24℃ 以下拉网操作，拉网底纲捆绑铁锁链，提高起捕率，快速挑选。挑选参考第二章第三节锦鲤的分级。将分过级的锦鲤分别放入 A 级、B 级、C 级池继续养殖，淘汰的锦鲤放入凶猛肉食性鱼类池。一般每月挑选 1 次。

（六）色扬（增色饲料）

对 A 级、B 级锦鲤直接投喂添加适量螺旋藻的配合饲料。中、后期经 3 次挑选后的 C 级锦鲤，上市前 1 个月开始投喂。一般选择质量保证的锦鲤色扬专用饲料厂家，养殖户也可采取适口粒径加州鲈配合饲料，拌优质螺旋藻投喂，按 4%~6% 比例添加。

（七）销售

销售前 3d 停止投喂饲料，加注井水，及时排出粪便，关掉循环泵，停止循环，保持增氧机正常运行。夏季销售时加注井水降温后，采用底纲辅以铁锁链的专用渔网拉网，细心操作，防止鱼体受伤，并注意安全。凶猛肉食性热带鱼保证在温度低于 20℃ 前销售完，常温鱼类适时上市。锦鲤根据市场需求，随时销售。

第四节　大棚饲养锦鲤

锦鲤耐寒能力较强，但是长期生活在较冷的水体环境中，对其生长和艳丽的色彩有不良影响。如果采用钢架塑料大棚、加热保温设施养殖锦鲤，可延长生长期，并可进行多茬饲养，获得更高的经济效益。

冬季遭遇大雪的寒冷地区，积雪量多，为了防止池水冻结，会在温室内安装加热设施，通过加温来保证锦鲤的生长；在锦鲤苗种孵化培养阶段，室内池可不受外界的天气变化的影响，提高成活率。温室大棚成为现在养殖锦鲤不可或缺的设备。

大棚养殖锦鲤应做好以下工作。

一、鱼池和鱼体的消毒

放养前，鱼池应用生石灰和漂白粉彻底消毒，以杀灭池中的病原体和寄生虫。鱼种放养前，用 3% 食盐水或浓度为 10~15 mg/L 的高锰酸钾溶液浸浴 10 min，以杀灭鱼体表的病原微生物和寄生虫。

二、科学投喂

投喂配合饲料，首先要经过驯化以建立锦鲤定点、定时集中上浮摄食的习惯。一般每天投喂 3 次，全天的投饲量为鱼体重的 3%~10%，配合饲料投饲量为鱼体重的 3%~6%。

三、水质调节

锦鲤食量较大，排泄物也较多，水质较易变坏，因此一定要做好水质调节工作。每隔 5~7 d 换水 1 次，每次换掉池水总量的 25% 左右，并注意换水温差不要超过 3℃；同时用充气泵充氧。为改善水质和消毒防病，应每隔 15~20 d 泼洒生石灰水 1 次。

四、温度控制

北方 10 月至翌年 4 月气温较低，应注意做好大棚的保温工作，以确保夜间水温在 20℃以上。高温季节，当棚内的水温升至 32℃以上时，应注意揭膜通风或加入低温度的井水，以降低池水温度，或用遮阴等方法降温。9 月中旬左右，当池内水温降低至 22℃时，应重新在棚顶覆盖上塑料薄膜，以提高池水温度。

河南省驻马店板桥锦鲤养殖场共建 8 个钢架大棚，每大棚 600 m²，棚内单排水泥池 10 个，每个水泥池长、宽、高为 4 m × 8 m × 1.6 m，进排水系统齐全。

第五节 稻田养殖锦鲤

在稻田养鱼实践中，人们总结出"稻田养鱼，鱼养稻，一田两用"的经验。稻田中的杂草、底栖生物和浮游生物对水稻来说都是争肥的，稻田放养鱼类，特别是像锦鲤这种杂食性鱼类，不仅使得这些生物成为饵料，消除了水稻的争肥对象，而且鱼类粪便还为水稻提供了优质肥料；另外，鱼类钻泥松土，又加速了肥料的分解，促进了稻谷生长，从而达到稻、鱼双丰收的目的。

一、稻田养鱼的条件

水源充足、雨季水多不漫田、旱季水少不干涸、排灌方便、无有毒污水、水质良好、土质肥沃、保水力强的稻田都可以用来养锦鲤。

（一）田埂

4月修整稻田时，必须将田埂加高至40~50 cm，加宽至30 cm，并打紧夯实，不能漏水。在山脚边的稻田必须挖好排水沟，以便洪水来时能及时排水。田埂是鱼类防逃的重要设施之一。

（二）鱼沟、鱼溜

为了保证稻田养殖的锦鲤在晒田、施农药和化肥期间的安全生长，稻田必须开挖鱼沟和鱼溜，且沟、溜应相通。早稻田一般在秧苗返青后，在田四周开挖环沟或围沟。晚稻田一般在插秧前可根据实际情况在田中间挖"十"字沟或"田""井"字沟，但不如挖环沟方便。如果既有环沟又有"十"字沟，则要沟沟相通。鱼溜的位置可以挖在田角,最好把进水口设在鱼溜处。整块田不能因为挖鱼沟、鱼溜而减栽秧苗株数,要做到秧苗减行不减株。

（三）拦鱼栅

拦鱼栅是用竹、木或网制作的拦鱼设备,设置在稻田的进水口、出水口处或田埂上,以防鱼顶水外逃。

二、稻田养锦鲤技术

稻田单养锦鲤,可放养 8 cm 左右的锦鲤鱼种 200~300 尾 / 亩。混养锦鲤时,一般放养 10 cm 的锦鲤鱼种 100~200 尾 / 亩,还可以套养鲢、鳙鱼的夏花鱼种,放养密度为 10~15 尾 / 亩。

稻田养锦鲤是以稻为主、养鱼为辅的生产方式,加强管理,可以鱼、稻双丰产。日常管理应注意如下几点。

（一）管水

水的管理是稻田养鱼过程中的重要一环,应以稻为主,在插秧后 20 d 内, 水 深 3.5 cm,让稻浅水分蘖。这时鱼种放养时间不长,个体

不大。20 d 以后,禾苗分蘖基本结束,鱼也渐渐长大,田水可以加深至 5~7 cm。随着禾苗的生长,可以加深水至 10 cm,这对控制秧苗无效分蘖和鱼的成长都有好处。晚稻田控水,因插晚稻时气温高,必须加深田水,以免晒死秧苗,这对鱼、稻生长都有利。

（二）转田

双季稻养鱼的转田工作,也是稻田养鱼工作的重要一环。早稻收割至晚稻插秧期间有犁田、耙田的农田作业,往往会造成一部分鱼死亡。为了避免这种损失,必须做好转田工作。转田工作应发挥鱼沟、鱼溜的作用。在收割早稻前缓慢放水,让鱼沿着鱼沟游到鱼溜中。或者把稻谷带水割完,打水谷,然后将鱼通过鱼沟集中到

鱼溜中，利用鱼沟、鱼溜，把鱼从早稻田转入小池塘中暂养，待插完晚秧后再把鱼放入稻田，这种方法死鱼很少。

（三）施肥

养鱼稻田的施肥，以农家肥为宜，基肥和农家肥的施用方法无特殊要求。如果施用尿素、碳铵做追肥，应本着少量多次的原则，每次施半块田，注意不要将化肥直接撒在鱼沟和鱼溜内。

（四）施药

稻田施药只要处理得当，不会对鱼产生影响。防治水稻病虫害，要选用高效低毒农药。为了确保鱼的安全，在稻田中施用各种农药防治病虫害时，均应事先加灌4~6 cm深的水。同时，在喷洒（撒）药液（粉）时，注意尽量喷洒（撒）在水稻茎叶上，减少药物落入稻田水体中。

（五）晒田

晒田可抑制秧苗的无效分蘖。晒田前，要清理鱼沟、鱼溜，严防鱼沟阻隔与淤塞。晒田时，沟内水深保持在15~30 cm。晒好田后，及时恢复原水位。尽可能不要晒得太久，以免鱼缺食太久影响生长。

（六）投饵

在稻田中养殖锦鲤，一般不需要多投饵，如果稻田太瘦，水体中的饵料生物太少，可定期、定时投放人工配合饲料，保证锦鲤正常摄食生长。

第六节　庭院养殖锦鲤

一、水泥池的建造

水泥池的大小依庭院景观规划而定，为了观赏到锦鲤豪迈的泳姿，通常愈大愈深愈好，一般面积 15~35 m²，水深 1.2~1.8 m，最少 80 cm 以上。正方形或长方形锦鲤池较易于管理。水体太浅，不利于锦鲤生长，且浅水容易受天气、阳光的影响，锦鲤易产生应激反应，发生疾病。

修建时，先用砖砌成池子，再用水泥做护面。为了防止水泥池漏水或渗水，作为护面的水泥一般要涂抹 4 层。在水泥池底部安装排水管道，便于排水、换水。水泥池应该修建在向阳背风处。水泥池修建在室内时，应考虑通风和照明设施。水泥池的形状、尺寸可根据需要而定。池内墙壁要光滑，池面尽量宽阔，不宜采用凹凸不平的石头，以免伤害锦鲤，同时要尽量避免出现死水位。室外水泥池位置以靠近房间为宜，便于投饵、观赏，池边不宜栽高大的落叶树木，以免败坏水质，每天有 2~3 h 阳光照射为佳。

新建水泥池，待水泥凝固之后，便可立刻注满水，但不能马上使用，因为水泥

中含有相当数量的碱性盐类。必须先去除水泥碱，试水后才能养殖锦鲤。

除碱的方法：新池注满水后，池中加入约 $50 \, g/m^2$ 冰醋酸，混合均匀，24 h 后排出，如此重复 1 次，3~5 d 后排水，再注清水浸泡 2~3 d，然后放养一些廉价锦鲤试水，了解水质安全性，如锦鲤反应良好，则可放养高档锦鲤。

锦鲤池的日常管理需要保持池水清洁，如有锦鲤的排泄物或残余饵料、树叶等须尽早清除，一般最好每天排底水 1 次，过滤槽亦需 1 周清洗 1 次，清除池底污泥。保持良好的水质是庭院养殖锦鲤最重要的管理工作，也是养好锦鲤的关键。

二、过滤的种类及过滤池的建造

完整的过滤系统不仅能去除水中悬浮物及多余的藻类，滤材上的生化细菌还能分解水中对锦鲤有害的物质，如氨氮、亚硝酸盐等，使之转化成无害物质。

（一）过滤的种类

庭院水泥池的过滤分为物理过滤、化学过滤、生化过滤和植物过滤。

1. 物理过滤

物理过滤是利用各种过滤材料或辅助剂将水中的尘埃、胶状物、悬浮物和枝叶等除去，保持水的透明度。比较传统而简便的方法是使用沙、石粒进行过滤，以除去肉眼可见的悬浮物。

2. 化学过滤

化学过滤是利用活性物质滤材将溶解于水中的有害离子化合物或臭气等以吸附、置换方法除去的过滤方法。常用的滤材有活性炭、麦饭石、磷石和离子交换树脂等。

3. 生化过滤

生化过滤是利用附着于滤材上的生化细菌，将锦鲤的排泄物、残余饵料及所产生的含氮有机物等加以氧化处理的过滤方法。它是整个锦鲤池过滤系统中最重要的一环。常用的滤材有生化毛刷、纤维棉、生化丝及生化球等。常用的生化毛刷具有物理过滤与生化过滤双重作用。注意清洗、消毒过滤槽时，不要全部冲掉或杀死这些细菌。

4. 植物过滤

植物过滤是利用植物吸收水中有害因子的方法。一般可利用浮萍，其根系发达，除有植物过滤的作用外，还能吸收水中氨氮、亚硝酸盐、铁离子、农药等有害成分。

（二）过滤池的建造

池水清洁有助于锦鲤生长、增色，提高观赏性，因此必须建造过滤循环装置。具体方法是在锦鲤池底部最深处引接水管至沉淀槽，水经各种滤材处理后用循环抽水泵再抽回水泥池，不断过滤水体。沉淀槽为过滤槽的第一部分，悬浮物及相对密度大的金属离子在此沉淀，沉淀槽底部经阀门接排水管可将污水排掉。过滤池的大小为锦鲤池的 1/5~1/3，过滤池面积越大，过滤效果越好。如要使用自来水或地下水，应将新水注入过滤池中，使之变软并减少氯气残留，不宜直接注入锦鲤池。因生化细菌分解作用需要氧气，故过滤槽必须配置曝气管以增加水中溶解氧。常用空气压缩机将空气直接压入水中，也可使用添加纯氧的方式。室外池因阳光强烈，可使用杀菌灯杀灭水中过多的绿藻，也可采用遮阴装置（如遮光布或胶浪板）遮盖锦鲤池1/3 左右，防止紫外线对池水及锦鲤颜色造成不利影响。

三、庭院养殖锦鲤的饲养管理

（一）保持池中充足的溶解氧

为防止锦鲤缺氧，必须使用充气机或空气压缩机将空气压入池水中。池水中溶解氧不足时，锦鲤食欲降低，集中于进水口或水面呼吸，如不予及时处理，易窒息死亡。应即刻换水、充氧，切不可投喂饵料，否则会造成大批死亡。另外，过滤池中生化细菌也需要氧气。

（二）饲养少数优质锦鲤

饲养少量的优质锦鲤是养锦鲤的一大要诀。因劣质锦鲤及杂锦鲤（如鲫锦鲤）生存能力较强，耗氧大，摄食动作快，不仅有碍观瞻，而且与优质锦鲤争氧、争食，导致优质锦鲤不能正常生长。池水缺氧时，优质锦鲤往往先死亡。总之，饲养尾数宜少，对没有观赏价值的劣质锦鲤应及早淘汰。

（三）实行底部排水

饲养规格大的锦鲤，排泄物及残饵较多。另外，污泥、重金属离子等有害物质常淤积于池底，如不尽快从底部排出，易造成水质恶化。加入锦鲤池的新水相对密度较小，如不从底部排水，会从水面流走，对改善水质作用不大。因此，排水管必须安置于水泥池底部，换水应立体化，才能使锦鲤体色艳丽、生长正常。

（四）循环改善水质

影响锦鲤品质的因素为：本身遗传因素及体质占50%~70%，水质占20%~30%，饲料占10%~20%，可见改善水质非常重要。

自来水方便、便宜、安全，因此用自来水养锦鲤已非常普遍。良好的养殖水质的pH值为7.2~7.4，重金属离子及有害物质含量少，硬度低，溶解氧丰富。使用地下水必须与"老水"混合，使其软化，并装曝气装置，保持充足溶解氧。另外，为了使池水清澈、锦鲤食欲旺盛、生长快速，须使用大的抽水机使水循环，常用的抽水机能使池水2~8 h循环1次。还有一种改善水质的方法就是将地下水或自来水先引进一曝气池或植物水道，利用此种处理方式将水中的有害因子（残留氯、重金属、亚硝酸盐、硝酸盐等）去除后注入锦鲤池中。

（五）营造青苔繁茂的水泥池

养好锦鲤最重要的技术环节是养好水。所谓"造水"即造出青苔繁茂的"熟水"。为了改善水质，通常采用生物过滤、物理过滤、化学过滤和植物过滤相结合的方法，使新水迅速软化，使旧水得以净化，如此池壁上就会产生地毯一样的绿色青苔，这是水质良好的标志。在这种水泥池里饲养的锦鲤色彩鲜艳，能保持最佳的生存状态。

（六）驱除寄生虫

要经常观察池水是否污浊，锦鲤的食欲是否正常，是否有寄生虫等病症。锦鲤体外寄生虫有锚头鳋和鱼鲺等，仔细观察均能发现。患有寄生虫病的锦鲤会缩聚在角落，互相摩擦或摩擦池底，食欲减退，体力衰弱，并引起并发症致死。常用敌百虫杀灭体外寄生虫，用量0.4~0.5 mg/L，同时视水温、锦鲤的状况而定。

（七）处理藻类

户外锦鲤池常在池壁或水中附着一层青苔，藻类的出现表示水中的营养盐太多了，这些藻类会将水中的营养盐如硝酸盐类、氨吸收利用，产生有利的植物性过滤系统，部分藻类还是锦鲤的食物。我们也可以透过藻类的变化来判断水质状况，水质清澈、绿藻附生在池壁，表示水质稳定，藻相良好。但如果水呈绿色，则是浮游藻类大量滋生，表示水中的养分太多，此时需在过滤槽中安装杀菌灯，杀除多余的绿藻。还有一种方式就是不断利用马达带动水循环、注入新水，利用新水来稀释池中过高浓度的氨氮、亚硝酸盐等物质。

（八）科学投喂

投喂饲料是影响水质的重要因素，喂食时间非常重要。户外锦鲤池在一天之中含氧量最高的时期是傍晚，此时也是锦鲤食欲最佳之时，却不是最佳的喂食时机，因为入夜之后水中的溶解氧量会渐渐减少，如果在傍晚喂食的话，锦鲤的排泄物会在夜里渐渐地累积，水质很容易在这段时间发生变化，水中的溶解氧量不足，锦鲤因缺氧而浮头、死亡。一般 1 天投喂 1 次，上午 9：00 为佳，通过驯食后在食台投饲。

（九）及时清除水面油膜

庭院锦鲤池水质状况不佳时，水面会出现一层油膜，严重时还会出现泡沫，这可能是饵料中的油脂、蛋白质等成分，也可能来自空气中的物质溶入水中所致，此时可利用油膜去除剂将油膜凝结，随着水流进入过滤器中分解，可保持水面干净清澈。

（十）冬、春季的饲养管理

冬、春季水温常在 20℃以下，锦鲤的活动、摄食能力下降，新陈代谢变缓，消化功能较弱。因此，应少投饵料，投喂一些易消化的植物性饵料，不能喂高蛋白、难消化吸收的饵料。冬、春季节，要仔细观察锦鲤的健康状况，注意驱除寄生虫。特别在初春，锦鲤的抵抗力差，水温骤升，而各种病原体开始大量繁殖，极易感染体弱或有创伤的锦鲤。因此，应注意消毒池水和锦鲤，保证水质洁净。

（十一）夏、秋季的饲养管理

夏、秋季是锦鲤的生长旺季。水温高，锦鲤活动量大，摄食能力强，生长快，色彩变得鲜艳。投饵应注意少量多餐，不要投喂过期、变质的饵料。注意锦鲤的体形变化及骨骼生长。特别是秋季，锦鲤为过冬储存营养，摄食非常旺盛，应注意饵料的营养全面、新鲜。夏天阳光强烈，需增加池面覆盖设施以遮盖池面 70% 的阳光为宜，加水时则可利用扬水、喷洒的方式来增加池水中的溶氧量、降低池水的温度。

第七节　公园养殖锦鲤

一、公园养殖锦鲤池的水质要求

池水必须无味、无臭、无腐败。池水肥瘦适中，透明度 1 m 以上为宜，太浅易发生浮头、死亡现象，太深不利于锦鲤的生长发育。锦鲤池池壁最好有少量青苔，太多时要及时去除。池水中无异常水泡，池水理化指标：pH 值 6.8~7.4 ；溶解氧量 5 mg/L 以上；硬度 16 以下，铁离子浓度 0.3 mg/L 以下，硫酸根离子 15 mg/L 以下，氯离子 19 mg/L 以下 (不含残留氯)，氨 0.1 mg/L 以下，亚硝酸盐 0.1 mg/L 以下，硝酸盐 5.5 mg/L 以下 (不含硫化氢)；有机耗氧量 (BOD)2.5~7 mg/L ；浊度在 5 度以下，透明度 100 cm 以上。

锦鲤喜欢硬度低的水质。一般来说，软、硬水都可以养殖锦鲤，但应避免将锦鲤突然由软水移入硬度较大的水中，以免产生应激过敏。水质硬度应小于 16，测定水的硬度可用硬度测定试液 (GH)。

锦鲤较适合的水体 pH 值为 7.2~7.5。不要将锦鲤从 pH 值低的水中突然放入 pH

值高的水中，以免引起锦鲤不适，甚至死亡。锦鲤长期处于弱酸性水中，不仅体色变差，还易得烂鳃病。

锦鲤的排泄物溶于水中分解产生亚硝酸盐、氨氮等有害物，当浓度过高时，锦鲤活动力减弱、浮头、体色变淡，常会引起死亡。良好的过滤系统（机械、生物、化学过滤）、大量滋生的硝化细菌，有利于降低氨氮，因此要特别注意过滤系统的设计。此外，注意锦鲤的放养密度、摄食情况、池水温度，及时换水。

二、锦鲤池建造

（一）建池要求

锦鲤池选址必须考虑日照、风向、雨水、安全、落尘等因素。锦鲤池的面积最少要有 15 m²。锦鲤池深度：大型锦鲤 1.5 m²，小型锦鲤 0.8~1 m²；锦鲤池水量在 20~50 t。锦鲤池的形状及构造，依个人喜好修筑。

锦鲤池建造要注意以下几点：①锦鲤池最好设在有树遮阴处，避免长时间太阳暴晒。②池水流动方向以贴着池壁流动为佳。③水泥池深度至少为锦鲤身长的 2 倍以上。如果池太浅，锦鲤无法活动，且池水温度变化太大。锦鲤池长度应是锦鲤体长的 10 倍，形状以面积宽广为好，不宜狭长形，为锦鲤生长生活提供方便。

一般的锦鲤池都配备生物过滤系统，使其维护管理比较容易。由于是长期投资，锦鲤池的建设最好找一家有实力、经验丰富、能提供良好售后服务的公司设计，避免更改设计导致时间和资金的浪费。

（二）新池造水

新池建好后需要养水，进行试养后才能大批放养。新池造水一般分以下 6 个步骤。

第一，注满水后每吨水加 1 L 冰醋酸刷洗，6~8 d 后水泥碱可溶于水中。

第二，将水排出后用清水冲洗全池 2~3 次，确保没有冰醋酸残留。

第三，放入各种滤材，在过滤槽内注满清水。

第四，每吨水放入 5 kg 粗盐后开动抽水泵及增氧机运行。

第五，运行 3~5 d 后放入低廉的锦鲤试养。

第六，测试水质，须符合 pH 值 7~7.5，溶氧量 5~8 mg/L，氨 0.1 mg/L 以下，亚硝酸离子 0.1mg/L 以下。观察锦鲤的游姿畅顺活泼、色泽鲜艳、摄食迅速时，便可以将锦鲤放入池中饲养。

三、过滤池的建造和作用

过滤池的水量应保持在养殖池水量的 20%~30%，如养殖池大，需较大的过滤池时可装多个过滤槽，各个过滤槽在安装时宜采用平行串联相通式，从第一个过滤槽的上部进水，再从最后一个过滤槽的底部排水。如果空间许可，由过滤槽至养殖池之间可建一约 30 cm 宽的水道导水。水道愈长愈好，如将水道设计成公园景致的一部分则更为理想。这种水道可使循环水充分与空气接触而使水软化，同时还可使空气中的氧气充分溶解在水中。水道中铺石灰石或沸石，可附着硝化细菌起净化水质的作用。

过滤池设置的原则：一是向上逆流式，水由下往上走，将污物沉入池底；二是多槽连接，水一个槽一个槽地流过，效果较佳。

四、饲养锦鲤的水源及附属装置

（一）水源

水源一定要安全无污染，达到国家渔业养殖标准。水量要充足，尤其是在夏季蒸发量大，必须保证足够的水量。在公园养殖池中加入足量的新鲜水时，锦鲤的食欲会变得更加旺盛。

（二）水道

无论是地下水还是自来水，在放入锦鲤池或过滤池之前，最好经一条水道，水与空气接触，可改善水质。以地下水为例，地下水含氧量低、硬度高，如果不经水道进入过滤槽，缺氧的水会产生不良的细菌，硝化细菌不能形成优势，从而

无法达到过滤的效果。如果经过水道，水的溶解氧量提高，pH 值上升，硬度降低，水质即可改善。如果没有水道，采用曝气的方法也可以达到同样效果。

（三）发电设备

生长季节突然停电时使用，防止锦鲤缺氧浮头。

（四）其他装置

打气装置如空气压缩机。最近日本发明的超声波气泡发生装置。水泥池遮蔽装置如塑胶浪板，用来遮强阳光。还有锦鲤网、浮箱、塑胶水槽、自动投饵机等。

五、公园池养锦鲤的饲养管理

（一）品种搭配

公园池塘养殖锦鲤时，由于水面宽阔，人们可以从上到下欣赏到锦鲤的全貌和曼妙泳姿，因此品种一般以红白锦鲤、大正三色锦鲤、昭和三色锦鲤为主，搭配黄金锦鲤或白金锦鲤、秋翠锦鲤、浅黄锦鲤等，多以色彩鲜明的锦鲤为主。

（二）投饵方法

锦鲤为杂食性鱼类，动物性、植物性饵料均可摄食，如水蚤、水蚯蚓、小虾、玉米粉、饼干屑、方便面碎屑、蔬菜、米饭团等。要想使锦鲤色彩鲜艳，除配合灯光、背景及水质外，更重要的是投喂营养全面的锦鲤专用增色配合饲料，这种饲料是漂浮性颗粒饲料。饵料既可以单一投放，也可以交替投放。锦鲤比较贪食，如投食过多，会发生积食或肠炎等病症，所以要注意投饵数量和次数，以少食多餐、无残饵及坏水为原则。对于锦鲤幼鱼，起初可以喂轮虫、水蚤或蛋黄。体长 2 cm 左右的小锦鲤可喂红虫等饵料。对于体长 5 cm 以上的锦鲤，可以投喂动物性或植物性饵料。

（三）投饵次数

锦鲤属变温冷血动物，体温随水温变化而变化，水温不同、不同季节给饵次数也不一样，必须投喂不同的饵料。水温低时，水中耗氧细菌下降，锦鲤肠内的消化酶素减少，投喂太多，锦鲤消化不良，虽不会死亡，但翌年春天，锦鲤横向生长，造成形态不美观。水温与投饵次数的关系见表 3.1。

表 3.1 水温与投饵次数的关系

水温（℃）	次数（次 / 周）	水温（℃）	次数（次 / 周）
10 以下	不给饵	20~22	3~4
10~15	1~2	23~26	5~6
16~20	2~3	26~30	1~3

（四）日常管理及四季管理

管理重点为：经常巡塘，清除漂浮在水面、水口的杂物，及时清除落叶，以免使水质败坏；每天要排出池底或过滤槽的底水；过滤槽要用逆流法冲洗。

由于季节的变化，气候条件的不同，各季节的饲养管理技术要求也不同。

春天天气乍暖犹寒，有时会骤变。对刚从室内移到室外的锦鲤，应特别注意温度变化，在降温时，锦鲤池上应加盖塑料薄膜，以保持水温的稳定，防止降温幅度过大。冬去春来，经过冬眠的锦鲤开始复苏，但体质较弱，应及时强化培育，投喂优质适口的饵料，并注意动物性与植物性饵料的搭配，保持营养平衡，有助于体质的恢复和生长。

夏天天气炎热，水温较高。为保持锦鲤的正常生长，应在池上面搭建遮光物，以防止水温升幅过大。否则池水在阳光的强烈照射下，水温上升，浮游植物及藻类会大量繁殖，引起水质浑浊，影响锦鲤正常生长活动，同时有碍观瞻；紫外线照射亦会使锦鲤的体色受到影响。据测定，北京地区阳光照度为 8 000~12 000 lx，加盖塑料遮光后照度降为 5 500~5 800 lx，这种柔和的光线对锦鲤的生长最为适宜。

8~9 月的初秋天气虽较晴朗，但气温和水温开始下降，此时的温度最适宜于锦鲤的生长，因此应多投些饵料，让锦鲤吃饱、吃好。应注意增加动物性饵料的投喂，以便锦鲤为安全越冬做能量贮备。

冬季来临后，气温下降，水温会很快接近冰点，锦鲤的游动缓慢，食量减退。此时应及时将其移到室内越冬池越冬。室内越冬池的水温应保持在 2~10℃。此温度下锦鲤活动量减少，食欲下降并最终停食。因此，越冬期间的管理工作一是保持好水温，防止锦鲤因水温过低而冻死；二是适当投饵，尽量保持锦鲤不消瘦，并防止锦鲤发病。

第四章

锦鲤人工繁殖与苗种培育技术

每年春季，当水温上升到18℃时，锦鲤开始产卵繁殖，以水温20~25℃时最佳，在雨水、流水、鱼巢的刺激下锦鲤开始自然繁殖。在我国南方，锦鲤理想的繁殖时间是清明节前后，最晚6月上旬。锦鲤繁殖成功的关键是：优质的适龄亲鱼、合理的配组、恰当的时机。所以，繁殖的准备工作要从后备亲鱼培养开始。

第一节　后备亲鱼培养

　　最好在冬季挑选后备亲鱼，用于翌年春季繁殖。

一、优质亲鱼的挑选

　　亲鱼要求：身体健康、无伤无病、粗壮、头部宽阔而饱满、体表光泽明亮、颜色饱满度高、色块清晰且分布均衡、符合其品种特征并达到A级鱼标准。挑好之后最好将雌雄鱼分别养在不同的土池中，避免出现非人工控制的配对产卵。

　　雌雄鉴别：雌性泄殖部突起且柔软，丰满，有卵巢轮廓，通体滑腻；雄性泄殖孔凹陷，结实，繁殖季节通体粗糙有滞手感，稍挤压后腹部即有精液排出。

二、亲鱼的繁殖年龄

　　雌性锦鲤最佳繁殖年龄为 3~6 龄，特别优异的个体可以在 9~10 龄时仍然作亲鱼使用。因此，雌雄分塘时可挑选 2~5 龄的雌鱼，经产鱼以其子代的质量为主要挑选依据，淘汰子代质量不佳的个体，淘汰年龄过大的个体。优质锦鲤的雌鱼一般不会连续 3 年用于繁殖。因此 4 龄或以上的雌鱼应根据以往的记录，考虑翌年春是否用于繁殖。雌亲鱼的挑选首先要求健康无伤病、体格粗壮、卵巢轮廓明显、色泽浓郁、斑块清晰，符合其品种顶级质量要求。

　　雄鱼最佳繁殖年龄为 2~4 龄，因此分塘时应选留 1~3 龄的个体，要求体格健壮，比雌性亲鱼略微修长，腹部没有明显膨大的个体，其他要求与雌鱼类似。雄亲鱼数量应为雌亲鱼的 2 倍。

第二节　锦鲤的人工繁殖

　　锦鲤人工繁殖有四种方式：人工配对自然产卵，注射催产激素自然产卵，人工催情后人工授精，不注射催产激素人工授精。

一、人工配对自然产卵

　　大多渔场采用这种方式。在水温接近23℃时挑选腹部膨胀松软的雌鱼，每尾雌鱼配身材规格及年龄均略小的同品种雄鱼2尾成为一组，雄鱼应发育良好，轻压后腹部有浓厚且遇水迅速散开的精液，每组亲鱼使用15~30 m²的小池，投入适量鱼巢，昼夜以中等流量冲水，24 h左右可获得受精卵。

二、注射催产激素自然产卵

　　它是大多数养殖户常用的人工繁殖方式，在我国中档和低档锦鲤的繁殖以这种方式为主。这种人工繁殖方式对水温的适应范围较大，对雌鱼卵巢成熟度要求不是很高，产卵比较集中，产卵数量大，受精率较高。

　　有的养殖场当水温达到18℃时就开始催产，但是为了有利于鱼苗培育，仍然等到水温上升到23℃时才进行配对催产。

　　锦鲤对常用的催产药物都敏感，因此脑垂体（PG）、促黄体生成素释放激素类似物（LRH-A）、绒毛膜激素（HCG）、地欧酮（DOM）都可以使用。目前，LRH-A在

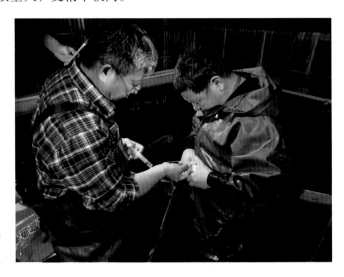

锦鲤催产中是最经常使用的药物，它可以单独使用，也可以和其他三种药物中的任意一种或两种搭配使用。按每千克雌鱼的注射剂量计算，有下列主要配伍药物可供选择：① LRH-A 30 mg；② LRH-A 20 mg+DOM 2 mg；③ PG1/4+LRH-A 20 mg；④ LRH-A 20 mg+HCG 500 IU。其中②、③为推荐配方。催产药物以 0.65% 生理盐水为溶剂配制，药物浓度应控制适当，每尾雌亲鱼注射量为 1~3 mL。每千克雄鱼注射量减半，或免注射。

三、人工催情后人工授精

配对及催情的操作与注射激素自然产卵的方式基本一样，关键技术是把握催产药物的效应时间。药物效应时间与水温呈负相关，与注射药物的种类有一定关系，与注射剂量几乎没有关系。

一般当雄鱼积极追逐，雌鱼缓慢游动，有意配合雄鱼对其腹部的推挤和摩擦时，如果将雌鱼头向上抱起或该鱼挣扎时有鱼卵流出，说明卵子已经达到最佳成熟度，此时正是人工授精的最佳时间，应立即进行人工授精操作。

先将雌鱼腹部用干毛巾轻轻吸干鱼体表面水分，一人抱住雌鱼让它的泄殖孔向下，对准接卵用的干的塑料盆；另一人用力从鱼的上腹部向泄殖孔方向推压，将鱼卵挤出。如果成熟好，采卵应该很顺利，推压一遍即可将 90% 以上的成熟卵子挤出。如欲采更多的卵，可再挤一次，直到挤出的鱼卵带有一些凝固血丝为止。挤出的鱼卵暂时搁置一旁，避免阳光直射，同时防止接触水，紧接着应该在 3 min 内完成采精和授精。

采精时一人抱住雄鱼，用干毛巾轻轻吸干鱼体表面水分，将泄殖孔对准采集到的鱼卵，或一个干的适当容器；另一人从鱼腹中央位置起，从两侧施压逐步推向泄殖孔方向，把精子挤出，将采集到的精子迅速与卵子混合均匀后，倒入少量鱼用生理盐水（盐度 0.65%），搅动 10~20 s，迅速泼向鱼巢。泼洒时应尽可能泼洒面积大而

均匀，或者一面泼洒受精卵一面转动或移动鱼巢，使受精卵附着均匀，避免鱼巢上出现多层受精卵堆积的情况。

人工授精获得的受精卵也可以在脱去黏性后用孵化槽孵化，这样可以获得较高的孵化率，脱黏的方法与鲤鱼、鲫鱼受精卵脱黏相同，使用滑石粉或黄泥化成的悬浊液。

四、不注射催产激素人工授精

这种方法是将成熟的雌雄亲鱼放在一起，然后观察，在雌鱼发情时将这尾雌鱼和选定的雄鱼捞起进行人工授精。这种人工繁殖的方法在日本采用比较多。具体操作程序如下：

在水温接近 23℃时，挑选体形、色质等各方面符合要求的亲鱼，选出后腹部膨胀松软的雌鱼，数尾或十几尾放入产卵池或网箱，然后放入相应数量、相同品系和身材规格、年龄略小的雄性亲鱼（也就是准备用来与雌鱼配对的雄鱼）。还可以适当增加一些雄鱼，投入少量鱼巢增加对鱼的刺激，昼夜以中等流量冲水，待亲鱼入池8 h 后开始，由有经验的人专门观察守候。当雄鱼积极追逐，雌鱼也不像开始时那样迅速逃遁，而是缓慢游动，有意配合雄鱼对其腹部的推挤和摩擦，且追逐时雌鱼偶尔将尾鳍上部露出水面，说明授精时机已经到来。此时，如果将雌鱼头向上抱起或该鱼挣扎时有鱼卵流出，说明卵子已经达到最佳成熟度，这就是这尾雌鱼人工授精的最佳时间，应立即进行人工授精。

需要注意的是，由于没有注射催产激素，雌鱼在配对开始时的成熟度也不会完全相同，所以每条雌鱼发情的时间不一样。当有一尾雌鱼达到最佳排卵时间时，应该立即将这一尾雌鱼捞出，再将预先准备配对的雄鱼捞出，进行人工授精，其他的鱼暂时不要理会，仍然继续观察。

第三节 锦鲤的孵化

一般方法：产卵完毕后，应尽早将亲鱼移走，放回亲鱼培养池（雌雄同池）调养。

受精卵既可在原池孵化，也可移至孵化池孵化，或者将鱼巢移至育苗池孵化。但应立即更换 80%~90% 新水。

　　孵化需要适当的水温、充足的溶解氧、适度的光照，良好的水质。水温 22~25℃ 最合适，溶解氧保持在 6 mg/L 以上，有必要时用气泵增氧，产生微水流有利于卵的呼吸。一般水温 22~25℃，通常 76 h 开始有仔鱼破膜，2 d 后鱼苗陆续孵出，整个孵化期间，要及时除去死卵。

　　孵化时，可以直接将鱼巢放在水泥池孵化，也可在育苗池悬挂网箱，将鱼巢置于网箱内孵化。不论在何种水体中孵化，都要控制密度、保证水质、打气充氧。一般水泥池中孵化密度的上限是 10 万粒 /m³；池塘网箱中孵化密度视条件而定，如果有条件打气充氧，孵化密度的上限可提高到 15 万粒 /m³，如果没有条件充氧，孵化密度不要超过 5 万粒 /m³。

　　鱼苗出膜后 2~3 d 将鱼巢移走。在池塘中挂网箱孵化的，可先将网箱上沿下压至水面以下 10~20 cm，让大部分鱼苗自行游走后，再小心地将网箱拿走。

第四节　鱼苗培育

一、彻底清塘

提前 10~15 d 清塘消毒，关键是必须杀灭野杂鱼、害虫、致病菌等。所以，最好的消毒方式是放浅水，用生石灰化水泼洒，没有条件的可用其他药品如漂白粉消毒等。

二、水花至夏花阶段

在水产养殖业中，刚出生的鱼苗称为水花，下塘 1 个月左右规格 (全长) 达到 3 cm 称为夏花。

放养锦鲤水花的池塘面积最好是 1~2 亩，不要超过 5 亩。主要是为挑选鱼苗时拉网方便，因为密网在大塘中很难拉动，而且起水鱼苗数量太大，不能在 1 d 内挑选完就会对鱼苗带来较大损害。

放养前用其他小鱼试水，确保消毒药物已降解至安全范围内。同时可施肥培水，肥水下塘，有利于鱼苗成长并能保持较高成活率。

出膜后 3 d，已经起水离开鱼巢的鱼苗可放塘，鱼塘水深 50 cm，放养密度为 4 万 ~10 万尾 / 亩。也可采用直接在鱼苗池孵化的方式，将附着鱼卵的鱼巢移到鱼苗池孵化。

锦鲤水花鱼苗阶段的投喂方法及养殖管理与"四大家鱼"相同。用豆浆或浸泡好的花生麸全池泼洒，每天 3~4 次，5 d 后改成向

鱼塘四周泼洒。每3~5 d向鱼塘加入少量新水,进水口要用筛网过滤,防止野杂鱼进入。

鱼苗长到1.5 cm后,可停止投喂豆浆,用锦鲤专用配合饲料"开口料"就可以。鱼苗长到2.5 cm要拉网锻炼一次,以便减少将来运输或挑选时的损耗。

(一)鱼苗"一选"阶段

经过1个月左右的饲养,鱼苗长到3 cm左右要进行第一次挑选,淘汰畸形鱼、白瓜(又称白棒,指鳞片基本没有颜色,整个看上去有点白色但没有强光泽的个体)、红瓜(又称红棒,指全身红色没有花纹的个体)、乌鼠(黑色、红色和白色斑点混乱交杂的个体)。

(二)鱼苗"二选"阶段

经过第一次挑选的鱼苗,放入2~3亩的鱼塘养殖,水深1~1.5 m,放养密度为1万尾/亩(密度小些好),开始时用"开口料"喂养,长到4 cm以上,可改用浮性料(粒径约1 mm)投喂,每天投喂2~4次。

幼鱼长到4~5 cm时可以进行第二次挑选。尽量将池塘中的鱼全部捞起来,吊在网箱或水泥池里,要遮阴,以免对小鱼造成伤害,挑出来的合格鱼放回原来的池塘。"二选"还是以淘汰不合格鱼为主,除了像第一次挑选那样淘汰畸形鱼、白瓜、红瓜、乌鼠外,还要剔除损伤

严重、颜色明显不合格的个体。

（三）鱼苗"三选"阶段

锦鲤鱼苗培育必须经过"三选"，让有限的水资源、饲料培育出精品锦鲤。鱼苗长到6~10 cm，可以放大塘里饲养，应该在放大塘之前再做一次挑选，即"三选"，以免次鱼浪费资源，影响优质鱼的生长。这一次的挑选更加严格，应该根据各品种的特征，选留合格鱼，或有特别要求的鱼。

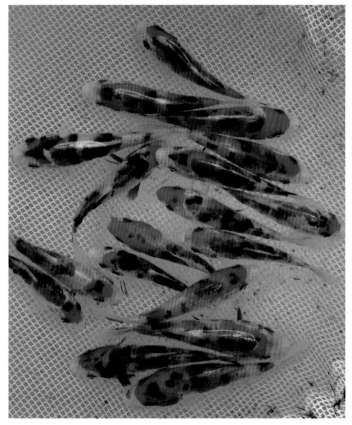

第五章

水族箱养殖锦鲤

随着社会经济的发展和人民生活水平的提高，水族箱养殖观赏鱼越来越受人们的欢迎，水族箱养殖锦鲤及水族设施已成为新的产业链，具有广阔的发展前景。

水族箱饲养锦鲤大都在室内，成为室内装饰的一部分，透过水族箱人们能清楚地看到锦鲤的翩翩泳姿、艳丽色彩、华贵斑纹及高雅的品貌。另外，水族箱饲养锦鲤还有许多优势：一是不受天气、自然环境的影响，可通过人工方式控制饲养条件；二是不受敌害生物的侵扰；三是有利于控制疾病的发生并及时治疗。

第一节　水族箱的结构

水族箱的规格因锦鲤大小而异。由于锦鲤与金鱼、热带鱼相比，个体较大，生长迅速，应尽可能使用大规格水族箱，一般选用 $90\ cm \times 60\ cm \times 45\ cm$ 以上的水族箱。

一、水族箱的过滤设施

锦鲤养殖过程中，水族箱中常常会产生一些杂质，如饲料残渣、排出的粪便以及新陈代谢排出的废物等，影响水体质量，从而影响锦鲤的生长发育甚至生存。因此，要通过过滤设施将这些残渣及时清除。过滤器的工作原理就是通过水泵把水引入过滤网等相关设备，经过一系列的理化反应和生化作用，使水重新达到养殖要求后，及时循环回到水族箱中。

水族箱中的过滤系统有以下功能：促进水流循环，使水温维持均衡；防止污泥或细沙粒沉积在植物表面；保持水族箱中气体的交换；利用机械过滤除去水中的污物杂质，使水质清澈透明，同时为负责分解排泄物和毒素的硝化细菌提供附着场所，净化水质，减少换水次数，从而为水族箱中的生物提供一个相对稳定的生活环境。

（一）水族箱的过滤方式

过滤是家庭水族箱保持水质清洁和稳定的主要方式，也是水族箱的最基础设施之一。根据不同的养殖需求、不同的水族箱采用不同的过滤方式。在家庭水族箱中常用的过滤方式有3种，即机械过滤、生物过滤、化学过滤。

机械过滤也叫物理过滤，是降低水体浑浊度的一种水质净化途径。机械过滤的功能是把大颗粒、大块黏状物等阻挡下来。这些凝聚物质的大量存在，不仅会降低水体透明度而影响观赏效果，还消耗水中的溶解氧，甚至黏附在锦鲤鳃上影响其正常呼吸，危害锦鲤的生长。过滤器是具有良好透水性、具较密孔隙的过滤材料。

生物过滤是通过好氧性细菌净化池水的方法，是硝化细菌将氨态氮经过亚硝酸盐硝化成硝酸盐的过程，也称为"生化过滤""微生物过滤"等。在生化过程中，最重要的是给硝化细菌提供一个良好的生长、繁殖温床，让硝化细菌能够迅速地大量生长、繁殖，充分发挥其氧化硝酸盐和亚硝酸盐的作用。为了营造好氧菌的舒适圈，人们尝试了各种净化材料，随着对锦鲤池中微生物的种类进行鉴定，最终选择了表面积大的净化过滤材料。生物过滤材料的结构特点是布满了大小不同的孔隙，大孔隙让水顺畅流过，小孔隙提供了极大的表面积供硝化细菌附着、生长、繁殖。生化棉、生化球、塑料丝、陶瓷环、珊瑚沙等是组成生化过滤器的好材料。

化学过滤是以化学反应来消除水中废物。化学反应后有毒的物质沉淀于水族箱过滤系统的底部被物理性滤材除去，或被另外一些无害或毒性较低的元素所替代（置换）。水质稳定剂、pH值调整剂、水质沉淀剂及其他一些化学制剂等都属化学滤材。

（二）过滤器的选择

根据过滤器在水族箱内的位置、过滤功能及养殖对象的不同，锦鲤养殖中常用的过滤器有下列几种。

1.底部式过滤器

底部式过滤器的过滤板设于水族箱底部，板上留有插放通气管的孔洞，插上塑料管，过滤板上面铺放沙石。塑料管连接充气泵，充气时，气体带动水流经过沙石，一方面打气充氧，一方面达到过滤的效果。另一种是把过滤沙床设置在水族箱外，用水泵或气泵把水输送到过滤器，过滤后再回到水族箱。底部式过滤器的缺点是重量重、体积大，换水及清洗沙石不方便。

2.上部式过滤器

上部式过滤器安放在水族箱顶部，用水泵将水抽至过滤器中过滤，通过过滤层再流回水族箱中。这种过滤器为长方形，内放活性炭或生化过滤球，上面铺一层过滤棉组成过滤层。上部式过滤器未设增氧设备，噪声小，清扫锦鲤缸非常方便。但滤材所产生的硝化细菌略少于底部式过滤器，过滤空间小，养锦鲤数量不能太多。

3.外置式过滤器

外置式过滤器又有外部吊挂式过滤器、下部过滤器和浸溢式过滤器等多种形式。将过滤器安装在水族箱外侧面或上方或底部，以潜水泵将水抽进滤槽内，经滤材滤净后流回水族箱。这种过滤器的优点是清洗容易，使用方便。但不易生长硝化细菌。

4.内置式过滤器

内置式过滤器又叫沉水过滤器，将过滤器沉入水中，利用潜水泵直接把水抽到过滤槽，经滤材及其上的硝化细菌过滤后流回水族箱。它是由过滤材料和水泵组成的封闭式过滤系统。此种过滤器体积小、噪声低、占用空间小、易于管理和装配维修，但处理的水体小和滤材的清洗时间间隔较短。

5.混合式过滤器

将不同的过滤方式结合使用，如底部式过滤器与内置式过滤器合用，底部式过滤器与外部式过滤器合用等。

（三）滤材的选择

过滤水质时使用的媒介材料叫滤材。滤材的种类繁多，各种滤材对水质的影响也各不相同。

1.过滤棉

过滤棉可以过滤水中较大颗粒的杂质，吸收污垢，还能附着硝化细菌，分解水中的有机物，具有物理和生物两种过滤功能。它是人工合成材料，不易腐烂，比较耐用，当污垢集存过多时，清洗后仍可继续使用，但需定期更换。

2. 活性炭

活性炭具有褪色和除臭的功能，净化水质速度快。每次使用的时间不宜太久，当缸中的水清澈无臭后，即可将活性炭取出，用盐水冲洗后放在太阳下暴晒备用。新买回的活性炭要加清水冲洗，以免大量的炭粉进入水族箱。优质的活性炭应呈中性、颗粒状、表面积大、无尘、易于除去气体。活性炭的有效期有限，过期使用不仅起不到吸附作用，反而有害。

3. 生化球

生化球是人工制造的塑料球。它具有交错的网孔结构，氧气交换时对流效果好，能提供最大的生化表面积，有利于硝化细菌繁衍、生长。

4. 陶瓷圈

陶瓷圈是人工烧制的滤材，表面粗糙的最好。它对水中的微生物、氨氮、蛋白质、金属元素的吸附力很强，并且不具抗药性，但有效使用期不太长。

5. 树脂

树脂以离子交换的方式吸收水中的钙和镁，具有软化水质的作用，可将用布包裹的树脂直接放到滤槽中或浸入水族箱中。

6. 麦饭石等

麦饭石可加工成黑、白、红、黄、蓝和绿等不同颜色，有单包装和混合包装，根据颗粒规格不同包装。麦饭石是外灰内白的结晶矿石，表面密布细小的孔洞，不具光泽，既可过滤，又可让硝化细菌生长，是吸氨净水的好材料。沸石表面密布细孔，是硝化细菌生长的良好温床和强力吸氨材料。

二、水族箱的温控设施

锦鲤是变温冷血动物，它的体温高低及新陈代谢的能力随外界环境温度的变化而发生变化。过高或过低的水温都会影响锦鲤的生长发育。所以，水族箱饲养锦鲤，需要调温设备，使水族箱内的水体温度恒定在适宜于锦鲤生长繁殖的范围内，水族箱内的水温一旦超出或低于正常温度范围时，调温器便会自动开机或关机。

控温设备有两大类：一类是加温设备，另一类是冷却设备。在锦鲤养殖过程中，最常用的是加温设备，尤其是北方地区锦鲤养殖中必不可少的一种设备，冷却设备一般用得较少。

（一）电加热器

接通电源，电流首先通过电线发热，石英砂随之升温，最后传导至玻璃管，逐步提高水族箱内的水温。电加热器有两种，一种是普通电热管，另一种是自动控温电热器。前者为无自动调节的调温器，价格便宜，但不能控制水温，须人工测温，根据水温变化，及时接通或切断电源。后者能有效地自动调节水温，但价格较高。目前饲养锦鲤多采用自动控温电热器。

目前市售的电加热器主要有 3 种：外挂式电加热器、沉水式电加热器、配合温控器的一体式电加热器。

（二）底部加温线

采用 24V 的底部加温线埋置于水族箱的底沙下，可缓缓释放热能，促进底层水进行冷热交换，通过热水上升，冷水下降，形成对流循环，打破温度层，使水族箱内的水温一致。底部加温线一般用于 90 cm 以上的水族箱，将其铺设在底部，可达到最佳的温度控制效果，但价格相对较高。

（三）温度自动控制器

它是调节温度的枢纽，随着温度的上升或下降能自动切断或接通电流来确保温度的恒定。该装置由两种膨胀率不同的双金属及热敏电阻制成。外形为玻璃质试管状，挂在水族箱上部。目前市场上还售有许多功能良好的电子调节器，采用微电脑控制系统调节温度。

（四）冷却器

相对于加热器来说，冷却器常被人们所忽略，然而对于水族箱中的锦鲤，过高的温度同样会影响其正常新陈代谢和各种功能，从而引发疾病或造成死亡。在炎热的夏季，水族箱中设置冷却器降低水温，保持平衡稳定的适宜水温同样必要。目前市售产品大多是加热器和冷却器结合的粉盒式设计。

三、水族箱的增氧设施

增氧泵要正确选购和科学保养，增氧泵的质量好坏，直接关系到它的使用寿命和效果，选购时要注意以下几点：

在购买时一定要检查试用，看线头是否脱落、是否有漏电漏气现象。检查外壳有无破损，特别是快挡和慢挡两个挡位是否有明显差别，在选购时一定要选择快慢二挡差别较大的。听声音，要选择噪声小而出气量大的增氧泵。选择正规厂家生产的产品，特别是在购买大型增氧泵时，查看生产厂家的合格证、保修卡，保证增氧泵的质量。

增氧泵保养主要有以下两点：

一是要选择放置增氧泵的位置。大功率的增氧泵应放置在靠池边的安全隐蔽处，超过水族箱或锦鲤池水面的高度；家庭用增氧泵不能挂靠在易传热或易燃烧的地方。安装时，在增氧泵的下面垫一块硬泡沫塑料板，可起到降低噪声干扰的作用。

二是要合理安排增氧泵的使用时间。使用增氧泵的时间，一般与锦鲤缸里的水质状况、锦鲤放养密度、锦鲤的个体大小及当时季节和水体温度等诸多因素有关。在水质良好而且锦鲤养殖密度不大、锦鲤个体较小的情况下增氧泵可以少开，尤其是锦鲤池（缸）较开阔、水温较低、锦鲤不会出现因缺氧窒息而产生浮头现象时，可以不开动增氧泵或仅在黎明前开机 2~3 h 即可，反之则要多开。如果增氧泵工作时间过长或连续开机几昼夜时，可选择晴天中午停机 1~2 h，以减少因受热而损坏的情况发生。

增氧泵的种类：

充气设备种类较多。大型水族箱、多组水族箱采用空气压缩机或大功率、输出量大的气泵供气；中、小型水族箱或锦鲤数量少的水族箱可采用专用微型电动空气压缩泵送气。按驱动气体运动的方式来划分，目前市售的空气气泵有电磁振动式和马达式两大类。

电磁振动式空气气泵适用于一般家庭、小规模水族箱饲养。根据送气孔的数量，可分为单孔、双孔和四孔三种。另有一些气泵附带干电池或自动充电装置，以备停电时用。这种气泵空气压力小，电机振动时声音很大，最好在气泵底下垫一柔软物品，以减少噪声。马达式空气气泵气压大，体积也较大，适用于水族馆或专业养殖场等大型和多组水族箱使用。这类气泵又有罗茨鼓风机、漩涡式本田引擎空气泵和层叠式吹吸两用空气泵等多种类型。

四、水族箱的照明设施

（一）水族箱安装照明系统的作用

饲养锦鲤的目的主要是供人们观赏，因此水族箱必须有一定的光源。人们在观赏时不受放置地点和时间的限制，在管理上可随时借助照明设备进行工作；同时，照明系统所提供的光照也是锦鲤和其他生物正常生活所必需的条件。锦鲤的生长发育，尤其是性腺发育需要一定的光周期变化，如光线太强或太暗、长周期光照或长周期黑暗对锦鲤的正常生长都是不利的。锦鲤鲜艳色彩的形成和维持时间的长短，都与适宜的光照条件有一定的关系。长期处于阴暗条件下的锦鲤，其体色容易失去光泽而变得灰暗，甚至某些鲜艳斑纹会完全褪色；而长期强光照，体色会变得洁白

而无色彩。

（二）照明灯的种类

水族箱内照明设备的安装位置、材料的选择、照明强度的确定，必须根据所饲养的锦鲤对光线的要求和观赏效果来确定。一般室内照明光源采用白炽灯泡或日光灯。白炽灯泡耗电大，照明面积小，但使用方便。日光灯使用较为广泛，有 15W、20W、30W、40W 等规格。安装位置一般设在水族箱顶部或前上方为宜，亮度以能使水族箱内景物清晰为度。目前，有一种专供水族箱养锦鲤用的紫外线杀菌灯，既可照明，又具杀菌功能，是一种理想的人工光源，但价格稍贵，主要用于小水族箱的照明。

五、水族箱的其他设施

（一）水族箱的装饰品

在水族箱中摆放装饰品不但可营造观赏气氛，使人赏心悦目，还可当作锦鲤仔鱼和锦鲤幼鱼的隐蔽场所。装饰品有人工装饰品和天然装饰品两类。人工装饰品种类繁多，有假山、凉亭、彩色背景、古堡、动植物模型等。天然装饰品以最能展现自然美的沉木、岩石和水草为主。沉木表面附有泥巴和苔藓植物，其中含有亚硝酸盐，对锦鲤和水质有不利影响。所以，新买来的沉木不要立即放入水族箱，应先用刷子清洁表面，清水浸泡 1 周后再用。岩石种类很多，应选择表面圆润光滑，质地坚硬，大小适宜，不溶于水，矿物质、盐分和石灰质含量低的品种。

（二）水族箱的配景材料

1. 沙子

最好选用细沙。粗沙间隙大，锦鲤吃剩的饵料和粪便会沉积到间隙中，逐渐腐败，使沙子变黑，影响水质。沙子铺放在水族箱底部，可固定各种装饰物、珊瑚和栽种各种水草。在使用前，应洗干净，清水浸泡 24 h，以防有害物质随同进入水族箱。

2. 石头

在水族箱内摆放石头，与水草配合造景，使整个画面富有和谐统一的自然美。石头的布局，原则上要达到画面轮廓清晰、繁而不乱、少而不寡，既有立体感，又富有艺术性。只要不含可溶解物质的石种都可选用来做置景石料，常见的石料主要有斧劈石、水晶石、沙积石、湖石、卵石、英石、石笋石、钟乳石。石头一般选用 3~5 块。其中应有一块形状比较好的做主石，主石要偏置一侧。再选用几块略小的副石，紧靠主石放置或远离主石。石头间的缝隙不应过于狭小，石质和石色应力求与锦鲤色泽相协调。除主石和副石外，可穿插放入适量的不同形状、不同色泽的卵石、贝壳或珊瑚等。石头的种类很多，最好选用卵圆形、光滑、色彩好看、大小各异的。卵石洗净后，放在沙子上面压住水草。

3. 微型工艺品

市售的微型工艺品种类很多，有陶质、蜡制和塑料制品。如小鸭、小桥、宝塔、亭台楼阁等种类。在水体中布置适当，既玲珑有致又栩栩如生。但不宜多放，以免溶解氧不足时导致锦鲤浮头。

（三）水族箱的辅助饲养器材

1. 贮水桶

当采用自来水、井水为养殖水源时，必须备有贮水桶，以便曝气、充氧后使用。

2. 水箱、脸盆

水箱、脸盆可用来装运锦鲤、水及饵料等，材料不限。

3. 塑料管

管的直径约 1cm，长度视需要而定，一般 1~2 根即可。利用虹吸作用，把水族箱底部沉积的锦鲤粪便、饵料残渣等污物及时吸出，也可用它慢慢往水族箱注入新水，以保持水质清新，延长换水间隔时间，达到省工、省时、省水的目的。

4. 玻璃吸管

小水族箱养殖的家庭特别适用，可以随时用玻璃吸管吸出锦鲤粪便等污物，比胶皮管使用方便。

5. 网具

从水族箱中捞出或放进锦鲤时，不宜直接用手捕捉，须用抄网捕捞。抄网形状各异，有长方形、圆形、三角形、梯形，应根据水族箱的形状选购，以长方形最为常用。大小可按饲养锦鲤的规模来定。一般柄长 30 cm 左右，口径 6~10 cm。饲养的锦鲤大，口径就要大；反之则可以小。抄网的质地要柔软。网目孔径要适中，过大易使头部或鳍卡住而使锦鲤受伤；过小则水阻力大，使用不便。最好大、中、小网都有。观赏鱼市场或渔网店有售，自制也颇易。

制作方法：取中粗铁丝约 50 cm 长，弯成一带柄的圆圈，然后用柔软、滤水性强的织物，剪成比圆圈略大一些的同心圆，将其沿着铁丝缝牢即成。这样缝制的网兜呈浅锅底形，很实用。需注意织物面积与铁丝圈相等。织物绷得太紧，捞锦鲤时易跃出网兜而摔伤；反之，如缝成袋状，锦鲤不易倒出，且常因在袋内挣扎使鳞、鳍等受伤而感染疾病。

6. 拼勺

铝勺或塑料勺均可，以便连锦鲤带水捞起又不致伤及鱼体，确保锦鲤安全。

7. 浮游生物网

这是打捞活饵料的专用网具。

8. 饵料暂养缸

打捞或购进的活饵不能全部投入水族箱，应根据锦鲤的食量投喂，多余的活饵暂养于缸中待用。

9. 饲架

专供放置轮虫、孑孓等活饵用。

10. 镊子

用于种植水草与投喂饵料。

11. 缸擦

主要用于刮除附着于玻璃缸表面的青苔或尘埃。

12. 磁力刷

水族箱中滋生的苔类不仅影响观赏的视觉效果，而且消耗溶解氧，妨碍锦鲤和水草生长。磁力刷利用磁力相吸的原理将缸壁的藻类、苔类清除干净。

13. 抹布

最好是柔软的纱布，专用于擦拭水族箱内壁附着的污物、水渍等，每次用毕应漂洗干净，切忌沾上油污。

14. 测量器具

温度计用于观测水温变化。常用的简单温度计有两种，一种是用胶贴于水族箱外壁，另一种是用吸盘附在水族箱内壁上；依测温原理划分，有水银式、酒精式和液晶式温度计，还有计算机控制的自动显示和记录的温度计。选购时应根据需要和经济实力选择易观察、显示清楚和使用方便的温度计。

15.pH 试纸或 pH 测定仪

定期测定水的 pH 值，以便调整水的酸碱度。

水族箱辅助器材其他的还有二通、三通、草吸等。

第二节　水族箱养殖锦鲤技术

一、水族箱养殖锦鲤的品种搭配

水族箱养殖锦鲤人们只能从一面观赏到锦鲤的侧面，养殖品种以红白锦鲤、大正三色锦鲤、昭和三色锦鲤为主，有条件的可搭配鱼体会反光的品种，如黄金锦鲤、白金锦鲤、松叶黄金锦鲤、山吹黄金锦鲤等，再搭配德国鲤。总的来说，以色彩鲜明的锦鲤为主，颜色较暗、有光泽且优雅的为辅。水族箱养殖锦鲤等观赏鱼品种，搭配应遵循以下原则。

1. 搭配有清洁作用的品种

大中型观赏鱼在养殖时应搭配 1~2 条清道夫，这类鱼喜刮食缸壁上的藻类和残饵，能有效控制缸里各种藻类的生长，调控水质。

2. 搭配混养品种个体差异不大

个体差异大，当饵料缺乏时，个体小的鱼往往吃不到食物，当饵料严重缺乏时，还会出现大鱼咬伤小鱼的现象。生活习性相似，有利于它们在同一个水族箱中在饵料充足时能够和平相处；生活习性截然不同的品种不能混养在一起，否则会发生互相残杀。

3. 游动速度快的与游动速度慢的品种、动作不灵活的品种不宜混养

游动速度快的品种，喜抢食，摄食能力强，摄食多；游动速度慢的品种抢食能力差，会因吃不到食物，日久引起营养不良、

瘦弱或死亡。

二、水族箱的锦鲤放养密度

根据养殖经验，不同大小的水族箱，饲养不同规格的锦鲤，它们的放养密度有一定的差异。一般是每升水放养体长 1 cm 的锦鲤 1 尾，按此推算放养密度。表 5.1 就是常用的水族箱的容积和锦鲤的放养密度，可供参考。

表 5.1　水族箱的容积和锦鲤的放养密度

水族箱的大小				不同长度锦鲤的饲养尾数		
长 (cm)	宽 (cm)	高 (cm)	容积 (L)	5 cm	10 cm	15 cm
36.3	24.2	24.2	20	2	1	–
39.4	24.2	30.3	28	3	1	–
39.4	30.3	30.3	36	4	2	–
45.5	24.2	30.3	32	4	2	1
45.5	30.3	30.3	40	5	2	1
60.6	30.3	30.3	50	6	3	2
60.6	36.3	36.3	77	10	5	3
90.9	45.5	45.5	182	20	10	4
90.9	45.5	60.6	243	25	12	4
121.2	60.6	60.6	432	45	22	6
151.5	75.4	75.4	861	80	40	10
201.2	100.3	100.3	2024	200	90	18

三、饲养管理

（一）投饵

家庭水族箱养殖锦鲤最好用鱼虫、水蚯蚓等活饵料，锦鲤仔鱼则需要喂"泡水"。但活饵料的来源有限，有时根本就买不到，一般用营养成分齐全的人工配合饲料。

投饵一定要定时、定量，以保持水质清新。一般来说投饵次数以每天 1 次为宜。如遇连续高温、傍晚有阵雨、降温等天气预报，则应少投或不投饵。早晨投饵，可在上班前进行。投饵后，根据锦鲤是否能在 1h 内吃完，同时观察粪便颜色，判断其消化是否良好而决定下次投饵量。

（二）清污与整理

水族箱养殖锦鲤，保持水质澄清是首要任务。在夏季炎热时，每天需清污1次，其他季节可适当延长间隔时间。

清除污物的方法是：用胶皮管吸除沉积在水族箱底部的含有锦鲤粪便、残存饵料等的不清洁的水。即先取胶皮管灌满水并用手指堵紧两端管口，不要让水流失，然后将胶皮管移至水族箱底部，另一端置于箱外，其位置略低于水族箱底部，下置盛水容器，两手同时松开，底部污物即被吸出，再徐徐移动位置，将底部污物全部吸出。用抹布擦去水族箱壁上的污物和水渍后，再慢慢加入与吸出量相等的经过晾晒的新水。清污操作时，如有水草、奇石等浮起或倒下，应及时恢复原样。

自动过滤系统是保持水族箱内水质良好的清洁器。但是，循环过滤系统长时间工作后，滤层堵塞，影响过滤速度和效率，沉积物在滤层中腐败分解会产生硫化氢等有毒气体，污染水质。因此，必须精心维护过滤系统。以砾石和沙石为主要滤材的过滤系统，需不定期地进行洗涤，以保证水流的畅通，必要时可以把滤层上的沉积物清除掉。经过多次的洗涤和清除后，滤层中颗粒较小的沙子会流失掉，造成滤层的厚度下降，结构改变，影响过滤效果，此时，要更换部分滤材。如果使用活性炭进行过滤，则2~5个月需要更换1次，活性炭的使用次数根据水族箱的水质和活性炭的质量而定。

四、水族箱的水质调控

（一）加水

1. 清洗

选购、配置好水族箱后，首先要对水族箱进行清洗，可以用一块新的或者干净的软布蘸水擦拭水族箱内壁，清除杂物，然后用清水冲洗。认真检查水族箱是否漏水，清洗时不能使用任何清洁剂。

2. 加注新水

水族箱养锦鲤一般加注自来水。自来水清洁，杂质含量少，细菌和寄生虫也很少，是养观赏鱼理想的水，但是自来水都是用氯气、漂白粉或者明矾等化学药物消毒杀菌，浓度一般为0.2~0.5 mg/L，阴雨天气浓度会加大；作为饮用水氯的存在是有益的，可以抑制细菌生长和有机物的产生，水族箱中，氯不但不可以杀死用来净化水族箱内废弃物的细菌，同时自来水中含氯的浓度对大部分观赏鱼类来说都是致命的，严重的话可在短时间内造成全军覆没的后果。因此自来水在使用之前，一是可以晾晒

3~7 d，通过曝气除氯；二是使用除氯器快速除氯；三是在自来水中加入大苏打（硫代硫酸钠），每 10 L 水加入 1~2 片即可；四是使用观赏鱼市场售卖的脱氯剂除氯。

（二）养水

小小的水族箱呈现的却是缤纷多彩的世界，其中最关键的就是水。"养鱼先养水"，在水族箱加注新水经过除氯之后，新的水族箱要形成适合养鱼的生态环境，此时才能放鱼，以保证鱼儿的健康。把水族箱创造出和自然界相仿的水环境才是养好观赏鱼的关键。这就要求对水质进行调节，根据所养观赏鱼的生存条件对酸碱度、硬度、水温等进行调节。目前市场上的绝大多数锦鲤都是人工繁殖，还有很多是人工培育的新品种，在生长过程中已经完全适应了人工养殖下的水质，因此市场上流通的品种养殖时，掌握正确的换水、加水方法就可以。也可以在观赏鱼养殖期间到市场上购买测试酸碱度、氨氮和亚硝酸盐的试剂，根据说明书自行测定，以防某些指标过高造成损失。

（三）水质监测与换水

水质监测是室内锦鲤饲养管理中必不可少的环节之一。根据测定的数据采取相应措施，预防病害和死亡的发生。日常水质监测的主要项目包括水温、pH 值、盐度、溶解氧、氨氮浓度、亚硝酸盐含量、硝酸盐含量和细菌数等，有条件的还要有针对性地测定某些重金属离子。

水族箱养锦鲤的时间久了，虽平日清污，但不能彻底清除干净，日积月累，水族箱内卵石等饰物的光泽转为暗淡、细沙转为黄褐色、玻璃内壁夹缝有黑色的锈渍或有异臭难闻气味时，或者水质浑浊不清或锦鲤有生病症状时，应彻底换水。

（四）换水

换水是锦鲤日常管理工作的重要一环，也是锦鲤成功养殖的关键。

换水量、次数和频率依水族箱的条件（主要是过滤系统的效率）、养殖种类、密度和方式等因素综合考虑。其方法与步骤主要有以下几步。

第一步是晾水。为了保证新、老水温度一致，在换水前 1~2 d，需晾水。将自来水注入同一地点的贮水池或空闲锦鲤池，静置 24~48 h，待其温度逐渐与相邻锦鲤池中的水温一致时即可用来换水。晾水能起到增氧和逸出氯气的作用。春、夏、秋三季换水时，新水温度最好比老水低 0.5~1℃，而冬季换水时最好新水温度比老水高 0.5~1℃。

第二步是吸液取物。先用胶皮管将上部清水吸入清洁容器内待用。再取出水草、石块等饰物，用清水漂洗干净待用。

第三步是捞锦鲤。用抄网将锦鲤捞起，并用勺遮住网的上方，以免锦鲤跃出跌伤；若养的是小锦鲤，则宜用捞勺带水一起放入吸出的上部清水中。

第四步是清洗锦鲤缸。取出变色发臭的细沙后，用清水多次对水族箱冲洗、擦净，直至无味。可用去污粉，如仍不行，则用清洁布蘸醋反复擦，使玻璃明净。

第五步是恢复水族箱。按顺序铺沙、置石、注水、种草、放入锦鲤，再添加已晾好备用的新水至原水位。

如果水族箱过滤系统完善，养殖密度适宜，投喂的饵料营养全面、投喂方法科学，可每周换少量水，3 个月至半年全部换水。反之，须增加换水次数。要注意一次换水量太少不足以改善水质，换水量过大会使水质变化大，引起锦鲤不适。

（五）换水的注意事项

换水须注意以下几点。

1. 方法要正确

少量或部分换水，主要是为了吸除箱底的杂质和粪便，因此用虹吸管排水时，要捏着管壁，以防排水时吸力大，使幼小锦鲤被管子吸住。通常水草枝条柔嫩易断，排水时要避开水草，注意不要将沙子、水草枯叶等物吸入，以免堵塞胶皮管。加水时，动作要轻，水不应冲到鱼体，以免引起锦鲤着凉、受伤，应将水慢慢地沿缸壁加入。

2. 措施要及时

如果水质发臭、变黑或鱼出现浮头时，需要进行彻底换水。彻底换水后的 1~2 d，由于锦鲤对新的环境尚未完全适应，会出现食欲减退现象，这是正常的生理反应。所以，此时要减少投饵量，可停食 1 d。否则，饵料过剩会引起水质腐臭变质，使锦鲤生病、死亡。

3. 要注意温差

换水一定要使用经过处理的水，且与老水的温差不超过 2~3℃，温差过大，极易使锦鲤患病死亡。

（六）科学控制水族箱中的水质

水族箱养殖锦鲤，控制水质是最大的难题，随着过滤系统的迭代，各种滤材材质和种类、过滤器、底部导流管等越来越先进、科学，再配合微生物处理，现代的水族箱已可以负荷高污染的锦鲤养殖。水族箱养殖锦鲤，水质控制须注意以下几点。

1. 定期换水

每周换水 1 次，每次换 1/3 的水。自来水等不同水源要晒水或用适量的水质安定剂处理后加入水族箱中。

2. 适当的放养密度

平均每升水体放养1 cm的锦鲤是水族箱中最适宜的养殖密度，只可低于此标准而不可高于此标准。

3. 少量多餐的投饵方式

锦鲤的消化系统简单，没有胃部构造，摄入的食物由肠道消化吸收、排泄，因此锦鲤没有饱感，很容易摄食过量造成消化不良，且排泄物也是影响水质的重要原因之一。最佳的投饵方法是少量多餐。

4. 加强物理过滤

在沉水过滤器的上方加强物理过滤，利用物理滤材将水中的残留物先行滤除，从而提高过滤器的效率。定期将物理滤材取出清洗。

5. 生物过滤

利用微生物制剂处理过滤系统调节水质即是生物过滤，以微生物为主，自然分解水中的有机质、亚硝酸盐、硝酸盐及硫化氢。常用的微生物有硝化细菌、光合细菌等。健全的生态缸必须有一个完整的微生物系统，必要时适当添加微生物制剂，可协助尽快建立水中硝化系统。

6. 添置冷水机

水温是影响水质的重要因素，尤其在盛夏，平均温度高达30℃以上时，加置一台冷水机对水族箱的水质保持、保证鱼体的健康都会有良好的效果。

第六章

锦鲤疾病与防治

第一节　锦鲤疾病发生的原因

锦鲤必须生活在适宜的环境中才能正常生长发育。锦鲤的生活环境是水，如果水体水质不利于锦鲤生长发育，锦鲤就会生病。掌握锦鲤发病规律和防止疾病发生，首先必须了解锦鲤发病原因。锦鲤发病是外界环境和鱼体本身双方不协调的结果，发病原因比较复杂，既有内因也有外因，外界环境是发病外因，锦鲤本身是发病内因。引发锦鲤疾病的因素主要有以下几个方面。

一、环境因素

（一）水温

锦鲤是变温动物，它的体温随外界水温的变化而变化。当水温发生急剧变化时，鱼体在短时间内无法适应而发生病理变化甚至死亡。锦鲤在不同的生长时期，对水温变化的要求不同。例如，锦鲤在换水时要求温差不超过 3℃，苗种温差不超过 2℃，否则会导致锦鲤"感冒"，甚至大批死亡。因此，鱼苗、鱼种在运输过程中和下塘时，要求水温变化不超过 2~3℃，亲鱼或鱼种进入温室越冬时，进温室前后的水温差不能过大，长期的高温或低温对锦鲤也会产生不良影响。

（二）溶解氧

水体中溶解氧含量的高低对锦鲤的正常生活有直接影响。溶解氧含量低，锦鲤会因缺氧而窒息死亡；溶解氧含量过高、过饱和，又会引起鱼苗和鱼种患气泡病。

（三）酸碱度

锦鲤对水质酸碱度有一定的适应范围，一般 pH 值为 7.5~8 为宜，pH 值低于 5 或高于 9.5 会引起锦鲤生病，甚至死亡。pH 值为 5~6.5 时，水体呈酸性，此时锦鲤生长缓慢，体质较差，易患打粉病。

（四）硬度

养殖锦鲤对水的硬度有一定要求，要求硬度较低的水或者软水，硬度不能超过 16 度。特别是在锦鲤繁殖的时候，硬度较高影响受精卵的正常破膜和成活率。降低水硬度：鱼缸养殖最简单的方法是加入蒸馏水降低硬度。池塘养殖锦鲤用沉淀法和软水剂降低硬度，常用软水剂有磷酸三钠（Na_3PO_4）、胺的醋酸衍生物（EDTA）。水的硬度与 pH 值有关系，pH 值高，水的硬度偏高；pH 值低，水的硬度偏低，调整水体的硬度，可通过调整水体的 pH 值来实现。提高水硬度可加碳酸氢钠或者硫酸镁。

（五）水中有毒的化学物质

池水化学成分的变化往往与人们的生产活动、周边环境、水源、生物(鱼类、浮游生物、微生物等)活动、底质等有关。如果鱼池长期不清塘，池底堆积大量没有分解的残饵、粪便等，这些有机物在分解过程中，会消耗水中大量的氧气，同时会释放出硫化氢等有害气体，毒害锦鲤。有些地区的土壤中重金属盐 (铅、锌、汞等) 含量较高，容易引起锦鲤弯体病。一些没有进行环保设施处理的工厂、矿山排出的工业废水含有较多的重金属毒物 (铅、锌、汞)、硫化氢等物质，这些废水进入鱼池，轻则影响锦鲤的健康，使锦鲤的抵抗力下降而引起疾病的发生，重则引起锦鲤的大量死亡。

二、生物因素

（一）病原体

引起锦鲤生病的病原体有细菌、病毒、真菌、霉菌、原生动物、寄生虫和藻类等，这些病原体是引起锦鲤发生疾病的主要原因。在鱼体中，病原体数量越多，病鱼的症状就越明显，严重时可直接导致锦鲤大量死亡。病原体传染力的大小与病原体在宿主体内定居、繁衍以及从宿主体内排出的数量有密切关系。水体恶化有利于寄生生物的生长繁殖，其传染能力较强，对锦鲤的致病作用也强；利用药物或生物学方法来降低或消灭病原体，如定期用生石灰清塘消毒、投放硝化细菌增加溶解氧并净化水质，鱼病发生概率就降低。因此，要切断病原体进入养殖水体的途径，根据锦鲤病原体的传染力与致病力的特性，有的放矢地进行生物防治、药物防治和免疫防治，将病原体控制在不危害锦鲤生长生活的程度以下，减少疾病的发生。

还有一些直接吞食或间接危害锦鲤的敌害生物，如池塘内的青蛙会吞食锦鲤的卵和幼鱼；乌鳢等凶猛肉食性鱼类对刚下塘的锦鲤苗种危害较大；一些水鸟会捕食锦鲤，特别是鱼苗培育阶段，一定要装防鸟网线等。

（二）藻类

一些藻类如卵甲藻、水网藻等对锦鲤生长有不利影响。水网藻常常缠绕锦鲤幼鱼并导致死亡，嗜酸卵甲藻能引起锦鲤发生打粉病。

三、自身因素

鱼体自身因素是抵御外来病原体的重要因素。鱼生活在一定的环境条件下，如果只有外界因素或者只有病原体的作用，并不一定产生疾病，关键是锦鲤本身对疾病的抵抗力，即免疫力。如果锦鲤自身体质好，抗病力就强，即使有病原体存在，也不易生病。相反体质差，则容易发病。鱼类对疾病的抵抗能力与年龄、营养、个体大小、身体健康状况等有关。例如车轮虫病是苗种阶段常见的流行病，随着年龄的增长，即使有车轮虫寄生，一般也不会发病。鱼鳞、皮肤及黏膜是鱼体抵抗寄生物侵袭的重要屏障。健康的锦鲤或体表无损伤的锦鲤，病原体无法进入，打印病、水霉病等就不易发生。锦鲤不同生长时期对同一疾病的抵抗力也不同，如苗种期发生小瓜虫病的概率要大于成鱼期。同种鱼类在不同生长阶段发病情况也不一样，如白头白嘴病一般在体长 5 cm 以下的锦鲤身上发生，超过这长度的锦鲤基本上不发病。同种同龄鱼免疫力也不一样，如某种流行病的发生，有的严重患病而死亡，有的患病较轻而逐渐自愈，有的则没有感染发病。因此对鱼病的预防需从多方面着手，既要加强饲养管理，增强鱼体抵抗力，提高锦鲤自身免疫力，又要消灭引起疾病的各种病原体和各种敌害生物，才能使锦鲤健康生长。

四、人为因素

（一）操作不当

在锦鲤养殖生产过程中，经常进行换水、加水、分池、清洗、捞鱼、运输以及人工授精等工作，如果操作不当或动作粗鲁，会碰伤鱼体，造成鳍条开裂、鳞片脱落等机械损伤，引起组织坏死，同时伴有出血现象。这样锦鲤很容易感染水中的细菌、水霉菌等病原体而发病，如烂鳃病、水霉病。

（二）外部带入病原体

从自然界中捞取活饵、投喂饲料时，或者由于消毒、清塘工作不彻底，都可能带入病原体。捞病鱼使用过的工具未经消毒，或者新购进的鱼未经消毒、隔离观察同池饲养都能重复感染或交叉感染，如患小瓜虫病。

（三）投喂不科学

如果长期投喂营养缺乏、品种单一的饲料，或者投喂腐败变质、不清洁的饲料，会造成锦鲤缺乏营养，体质衰弱，机体抗病能力降低，从而导致鱼病发生；人工投饵不科学，投喂量忽多忽少，锦鲤饥饱不匀，也容易发生鱼病。

（四）放养密度不当和混养比例不合理

合理的放养密度和混养能够提高锦鲤产量，如果放养密度过大，容易造成缺氧，降低饵料利用率，引起锦鲤生长速度不一致，大小不均。瘦小的鱼因吃不到饵料而饿死。不同规格的锦鲤同池饲养，易发生大欺小和相互咬伤现象，弱小的锦鲤发病率较高。

（五）饲养池及进排水系统设计不合理

饲养池特别是底部设计不合理时，不利于池中的残饵、污物的彻底排除，容易引起水质恶化使鱼发病。进排水系统不独立，一池鱼发病往往传染到其他池鱼。特别是在大面积精养池或流水池养殖时更要加强管理。

（六）消毒不严格

鱼体、池水、食场、食物、工具等消毒不严格，都会增加锦鲤的发病率。消毒时选择适合的药物和剂量，科学用药。

（七）检疫不严

从外地购苗引种时，未经检疫，使受伤鱼、带病原体的鱼进入池内，从而引发疾病。

第二节 锦鲤疾病的预防措施

锦鲤疾病防治要坚持"防重于治、防治结合"的原则。锦鲤一旦生病，治疗就有一定难度。锦鲤得病后再进行治疗，只能挽救病情较轻者，病情严重时施药效果也不明显；即使病鱼治愈，往往在外观上留下缺陷，如鱼鳞脱落后不能再生，鱼鳍腐蚀后虽能再生但不能恢复原有长度及风韵，鱼体颜色失去艳丽的光泽，失去观赏价值。所以，锦鲤疾病防治要采取"预防为主、防重于治、全面预防、积极治疗"的原则，控制锦鲤病害的发生和蔓延。常用的预防措施有以下几点。

一、器皿的浸泡和清塘消毒

（一）水泥池的处理

刚修好的水泥池或刚买回来的水族箱，使用前一定要经过认真清洗干净，还须盛满清水浸泡数天至1周，进行"退火"或"去碱"；公园池或土池要定期用生石灰消毒。水泥池的去碱方法除了用醋酸中和外，还可以用下面的两种方法去碱。一是在 50 L 水中溶解 12 g 磷酸，用这样的水浸洗新池 1~2 d，可达到去碱的目的。接着再用盐水或高锰酸钾溶液冲洗并注满自来水浸泡 1 周左右 (促使其早生青苔)，换入新水和少量老水，先放几尾次等鱼试养无妨后，再放锦鲤养殖。二是用明矾溶于池水中 (浓度须达明矾饱和的程度)，经 2~3 d 后即可达到去碱目的，再换入新水，便可使用。对长期不用的容器，在使用前应用盐水或高锰酸钾溶液消毒浸洗后才能使用。

（二）池塘的处理

无论是养殖池塘还是越冬池，进池前都要消毒清池。养殖池塘在放鱼种前应用生石灰清塘。越冬池放鱼前，排干池水，清除附着物和污物，用漂白粉溶液全池泼洒消毒。

1. 生石灰清塘

水深 10 cm 的池塘生石灰用量为 50~75 kg / 亩，水深 1 m 时用量为 130~150 kg / 亩，全池泼洒。清塘后 7 d 左右可放鱼。

2. 漂白粉清塘

用量为 20 g / m³ 水体。漂白粉溶化后，立即全池泼洒。清塘后 10 d 左右可放鱼。

3. 生石灰与漂白粉混合清塘

水深 1 m，每 667 m² 用生石灰 65~80 kg / 亩和漂白粉 6.5 kg / 亩，用法与漂白粉、生石灰清塘相同，清塘后 10 d 左右可以放鱼。

二、加强饲养管理

锦鲤发生疾病，可以说大多数是由于饲养管理不当引起的，加强饲养管理，改善水质环境，操作规范是防病的重要措施之一。

（一）坚持"四定"投饵原则

养殖生产中坚持"四定"投饲技术，"四定"即定质、定量、定时和定点。

1. 定质

投喂的饲料要精而且新鲜清洁，不投喂腐烂变质的饲料。

2. 定量

根据不同季节、天气、鱼体规格大小、食欲和水质情况适量投饵，掌握"宁少勿多"的原则。

3. 定时

投饲要有一定时间，一般在上午 7：00~10：00 投饵，夏季可适当提早，冬季可适当推迟。注意中午少投食，傍晚忌投食。

4.定点

固定食台或投喂点，不但可以观察锦鲤摄食情况，还可以及时查看锦鲤的摄食能力及有无病症，同时方便对食场进行定期消毒。

（二）驯化

每天投饲时，轻轻拍打水面或敲击物体或播放音乐等，经过较长时间的驯化投喂，可训练锦鲤定时、定点的摄食习惯，并能及时发现不来摄食的病鱼。

（三）保持水质清洁

鱼池水面直接与空气接触，如果水面布满灰尘、浮沫、浮油，不利于空气中的氧气溶于水中，而且灰尘污物容易累积在锦鲤的鳃部，对呼吸造成影响。所以，每天清除鱼池底部的粪便和残饵、沉积物等，一方面可减少其在水中腐败分解释放的有害气体（如二氧化碳和硫化氢等），防止水质酸性过大，也可防止某些寄生虫和细菌危害锦鲤。另一方面排出旧水，加入部分新水增加溶解氧，有利于锦鲤更好地生长发育。对捞回来的红虫等天然饵料要认真进行漂洗，也是预防鱼病和保持水质清洁的重要环节之一。

（四）操作细心，加强管理

不论换水或捕捞鱼，动作一定要轻缓。锦鲤暂养在网箱或盆内时不要太过拥挤，以免擦伤鱼体，增加细菌及寄生虫侵入的机会。加强管理，仔细观察，发现病鱼及时隔离治疗。

三、水质调控措施

水质调控是饲养管理的重要环节，水质调控基本措施如下。

（一）彻底清塘

彻底清塘是水产养殖的基础，主要清除池底过多淤泥及有机物、病菌、寄生虫。淤泥是水体中的主要耗氧源，又是病原体的藏身之处，在缺氧情况下产生硫化氢等有毒气体，直接或间接引起鱼类发病或死亡。

只有坚持年年清塘消毒，才能达到预防鱼病的目的。清池包括清除池底淤泥和池塘消毒两项内容。育苗池、养成池、暂养池或越冬池在放养前都应清池。育苗池和越冬池一般都用水泥建成。新水泥池在使用前 1 个月左右应灌满清洁的水，浸出水泥中的有毒物质，浸泡期间应隔几天换一次水，反复浸洗几次以后才能使用。

（二）调节水质

加水和开增氧机增氧是养殖管理的基础，用水泵加注新水，更新浮游生物组成和增加溶解氧。用增氧机增加溶解氧，调节浮游生物分布及排除有害气体。定期用生石灰、漂白粉、微生态制剂等进行消毒或调水，改善水底，调节 pH 值，杀灭病原菌，减少有机物耗氧量。

（三）增加溶解氧

锦鲤养殖水体中溶解氧含量一般应为 5~8 mg/L，至少保持在 3 mg/L 以上。适宜的溶解氧量对锦鲤的生存、生长、饲料利用率等至关重要。充足的溶解氧量可以改善锦鲤栖息环境，降低氨氮、亚硝酸盐、硫化氢等有毒物质的浓度。溶解氧过饱和时，在苗种培育阶段容易引起鱼苗得气泡病。

（四）使用水质调节剂

1. 肥水剂

水体溶解氧的主要来源是靠藻类的光合作用，藻类生长所需的营养物质来源于微生物的分解。藻类是整个鱼塘的初级生产力，微生物是藻类的初级生长力。特别是养殖初期鱼苗下塘时，用肥水剂（藻种源、酵素、活藻素等）调水，肥水快而安全，适口的浮游生物较多，可提高鱼苗成活率；丰富了水体中微生物，促进了藻类的生长，形成了健康的生物链条，增加锦鲤免疫力，最终达到增产丰收的效果。

2. 解毒剂

有机酸是锦鲤养殖时常用的解毒药品，其主要成分有柠檬酸、果酸、生化黄腐酸等。主要用于硬度、盐度、碱性大的池塘，或是清塘消毒时间短、急需放鱼的池塘，解毒能力的大小取决于有机酸含量的多少。解毒机制主要是通过羧基的螯合和络合作用，有效降低环境中重金属离子的浓度，从而达到解毒的目的。

3. 抗应激剂

抗应激类产品可缓解因天气突变、水质恶化产生的应激和藻类分泌毒素及用药不当引起的锦鲤中毒现象。抗应激类产品主要成分有维生素 C、维生素 E、有机酸、抗应激因子等，生产中常在拉网、分塘、挑鱼、运输后，或因环境突变锦鲤产生应激性漫游时使用。泼洒解毒应激灵等抗应激药品，可减轻鱼类应激反应。

4. 微生态制剂

微生态制剂是经过人工分离正常菌群后，采用高温、高压等特殊工艺制成的生物制剂，具有无毒副作用，无残留，不产生抗药性，对促进动物生长发育、净化水质、提高免疫力、改善饲料适口性和控制药残等具有显著效果。微生态制剂不可与杀菌剂、消毒剂、化学药品等同时使用和存放。锦鲤养殖中常用的微生态制剂有复合芽孢杆菌、EM 菌等，夏季高温季节每 7~10 d 使用一次，调水效果较好；作为饲料添加剂使用的微生态制剂多为复合芽孢杆菌粉，主要成分有枯草芽孢杆菌、纳豆芽孢杆菌、地衣芽孢杆菌、蜡状芽孢杆菌及生物酶、维生素、微量元素等辅助剂。

四、做好药物预防

在鱼病发生季节，除了上述鱼病预防措施外，采用药物预防也十分必要。

（一）鱼体消毒

多年的实践证明，即使健康的锦鲤也会带有一些病原体。因此在苗种分塘换池放养前，都应该进行鱼体消毒。在鱼体消毒前，应该检查鱼体带有何种病原体，然后针对不同病原体，采用相应的药物消毒，这样才能取得较好的治疗效果。在鱼病流行季节，结合容器彻底换水时进行鱼体消毒，用药品种及浓度可以适当调整，第一次可用 1 mg/L 高锰酸钾溶液，隔 10 d 可用 2%~3% 食盐水，再隔 10 d 可用 2~3 mg/L 呋喃西林药液浸洗锦鲤。洗浴时间视鱼体大小、健康状况灵活增减，一般不超过 10 min，这样可杀死锦鲤体表寄生虫。

（二）饵料消毒

为锦鲤投喂动物性饵料前，必须对饵料进行消毒处理。对于锦鲤喜食的动物性饵料，如螺、蚯蚓、鱼肉等，先用 3% 食盐水和 1% 碳酸氢钠的混合液浸洗 3min，然后用清水洗净，最后选取鲜活饵料进行投喂。已经死亡的最好不要投喂，尤其是已经腐败的饵料要扔掉。从市场上购回的枝角类等饵料必须先用干净无余氯的清水漂洗 2~3 次，每次漂洗时间为 1~2 h。漂洗用水最好用养锦鲤换下来的水，然后将漂洗后的枝角类饵料再放入抗生素溶液中药浴 30 min，以杀灭有害细菌，最后用自来水把药物冲洗掉，才能投喂。锦鲤投喂植物性饵料，如菜叶、水草、萍类等，要用清水洗净后再投喂。

（三）食场（台）消毒

锦鲤固定投饵的食台要定期挂药袋预防，一般每隔 15~20 d 进行 1 次，可预防细菌性皮肤病和烂鳃病。药袋最好挂在食台周围，每个食台挂 3~6 个药袋。漂白粉挂袋每袋 50 g，每天换 1 次，连续挂 3 d；硫酸铜、硫酸亚铁挂袋，每袋用硫酸铜 50 g、硫酸亚铁 20 g，每天换 1 次，连续挂 3 d。

（四）定期药物预防

细菌性肠炎、寄生虫性鳃病和皮肤病等，常集中于一定时间暴发。在发病期前

采取药物预防，往往能收到事半功倍的效果。

（五）环境卫生和工具消毒

清除杂草，去除水面浮沫，保持水质良好，及时掩埋死鱼，是防止锦鲤病发生的有效措施。渔用工具最好是专塘专用，如做不到专塘专用，应在换塘使用前，用 10 mg/L 硫酸铜溶液浸泡 5 min 或经常阳光暴晒并定期用高锰酸钾、敌百虫溶液或浓盐水浸泡消毒。

第三节　锦鲤疾病的治疗原则

锦鲤疾病的生态预防是"治本"，积极、正确、科学地利用药物治疗则是"治标"。本着"标本兼治"的原则，对锦鲤疾病进行有效治疗，是降低或延缓锦鲤疾病的发生、减少损失的必要措施。

一、锦鲤疾病治疗的总体原则

"随时检测、及早发现、科学诊断、正确用药、积极治疗、标本兼治"是锦鲤疾病治疗的总体原则。

二、锦鲤疾病的具体治疗原则

（一）先水后鱼

"治病先治鳃，治鳃先治水"，对锦鲤而言，鳃比心脏更重要，鳃部引起的各种疾病是导致锦鲤死亡的重要原因之一。鳃不仅是氧气和二氧化碳进行气体交换的重要场所，也是钙、钾、钠等离子及氨氮等物质交换、代谢的场所。因此，只有尽快治疗鳃部引起的疾病，改善其呼吸代谢功能，才有利于防病治病。水环境中的氨、亚硝酸盐及水体过酸或过碱的变化都直接影响锦鲤的鳃组织，并影响呼吸和代谢。因此，必须先控制生态环境，加速水体的代谢。

（二）先外后内

先治理外部环境，包括水体与底质、体表，然后才是体内疾病的治疗，也就是"先治表后治本"。先治各种体表疾病,然后再通过注射、药饵等方法来治疗内脏器官疾病。

（三）先虫后菌

寄生虫尤其是大型寄生虫对锦鲤体表具有巨大的破损能力,而伤口正是细菌入侵感染的途径,并由此产生各种并发症,所以防治病虫害是鱼病防治的第一步。

第四节　锦鲤疾病的检测

一、目检

用眼睛观察的方法直接从鱼体患病部位找出病原体或根据病鱼的症状来分析各种病症的根源,为确定病原体提供依据。

（一）体表检查

从鱼池或水族箱中捞出病鱼或刚死的鱼5~10尾,大型锦鲤1~2尾,置于白搪瓷盘内,按顺序从嘴、眼、鳞片、鳍条等部位仔细检查。对于一些大型的病原体,如水霉菌、线虫、锚头蚤等可以清楚看见。同时,可以通过口腔黏膜充血,肌肉发红,鳍基充血,肛门红肿,鳞片脱落,体表充血,尾柄或腹部两侧出现腐烂,病变部位发白有水肿、脓疱、旧棉絮状白色物、白点状胞囊等症状表现,来确定病情。一般细菌性疾病表现为皮肤充血、发炎、腐烂、脓肿及长有赘生物等;寄生虫性疾病则表现为体表黏液增多、出血,出现点状或块状胞囊等症状。

（二）鳃部检查

检查鳃部时,按顺序先查看鳃盖是否张开,有无充血、发炎、腐烂等症状,然后用手指翻开鳃盖,观察鳃丝颜色是否正常,黏液是否增多,鳃丝末端是否肿大、腐烂。刚死或快死亡的病鱼,用剪刀剪除鳃盖,仔细观察鳃丝有无异常。

（三）肠道检查

剪开肛门前后肌肉,打开腹腔,先观察内脏有无异常、异物或寄生虫,如线虫、舌状绦虫等。然后用剪刀从靠咽喉部位的前肠和肛门的后肠剪断,取出整个内脏置于盘中,将肝、脾、肠等器官逐个分开,再剪开肠管,去掉肠内食物和残渣,仔细观察。如锦鲤患细菌性肠炎,肠黏膜会出血或充血,肛门红肿。

二、仪器检查

肉眼不能看清的小型寄生虫，需用显微镜检查。小型水泥池或水族箱用于检查的鱼，至少应有 3~5 尾，最好是刚死或即将死亡的病鱼，每一处检查部位，均需制 2~3 片标本。刮取拟检部位的黏液或切取一小块病变组织，滴入适量蒸馏水或生理盐水，加盖玻片置显微镜下检查，寻找病原体。

三、实验室检验

根据流行病学、症状观察及病理解剖的结果可做出初步诊断，若有必要，则可进行实验室检查。

第五节　锦鲤疾病的早期症状

锦鲤的疾病大致分为由细菌、病毒感染引起的疾病，如烂鳃病、肠炎、烂尾病、打印病等；由伤口寄生水霉菌引起的疾病，如水霉病。寄生虫引起的疾病，如小瓜虫、车轮虫、锚头鳋等；平日应多注意观察鱼池水体变化情况及锦鲤的活动、摄食情况，锦鲤大部分疾病在早期都会表现出一些异常，要勤观察、早发现、早治疗。

一、身体的变化

大部分疾病都会在锦鲤体表表现症状，每天注意观察就不难发现，如有异常，应立刻检查。最常见为小瓜虫、锚头鳋、鱼鲺等寄生于鳍条上，特别是胸鳍，肉眼可见。注意鱼体分泌异常黏液，有充血，光泽消退，鱼体看起来发白或表面覆有白膜等异常情况。

二、游动方式的变化

健康的锦鲤会群游在一起，如离群独处、无力控制游泳或跟不上鱼群，表示有病。

正常的锦鲤睡眠时会合起胸鳍静止于池底。如果生病，则展开胸鳍，身体无力地斜卧。如果遇到惊吓，则游动，但一会儿又沉于池底。常将身体卧在凹凸不平的地方或将身体斜搁在斜面上。寄生锚头鳋或鱼鲺时，常会缩聚于鱼池一角。

三、鱼鳃和呼吸方式的变化

锦鲤外表常无症状，但掀开鳃盖后常发现鱼鳃变白或变黑，甚至卷曲或缺损，即可能患了烂鳃病。发现锦鲤不活泼时，首先检查其鳃部。

锦鲤的呼吸较平缓，生病时转为急促。如张大口呈苦闷状呼吸，则表示病情严重。如张口在水面呼吸并到处乱游时，须特别注意。锦鲤若常浮在水面呼吸表示不正常。

四、摄食和进食方式的变化

锦鲤摄食受水温、饥饿程度和环境等因素的影响。不摄食或摄食量减少，虽不一定代表有病，但必须认真分析原因。如发现粪便浮于水面等异常状态时，须注意其消化系统是否出现问题，以便及时调整饵料及投饵量。如吃得过饱，锦鲤会吐出嚼碎的食物。

五、水质的变化

水色发白、发灰，或有泡沫、污物、油膜，水中有垃圾沉积，散发异味等都属于不正常，应及时调水；水质的这些变化易引发鱼病。

第六节　锦鲤疾病的治疗方法

锦鲤患病后，首先应对其进行正确、科学的诊断，根据病情、病因确定相应的药物；其次是选用正确的给药方法，充分发挥药物的效能，尽可能减少副作用。不同的给药方法，决定了不同的治疗效果。常用的锦鲤给药方法有以下几种。

一、浸洗法

浸洗法可驱除体表寄生虫及治疗细菌感染的外部疾病，也可利用鳃或皮肤组织的吸收作用治疗细菌性内部疾病。浸洗治疗法是将病鱼放入药液中浸浴一定的时间后捞出再放回水中。具体方法是先用面盆等容器盛入一定量的清水，一次放入所需药量，等药物充分溶解后将药液搅匀，再用温度计测试水温，以确定浸洗时间，然后将病鱼放入药液中，药液浓度根据不同药物的使用说明书确定。浸洗时间的长短主要根据水温高低和鱼体耐药程度而定。寄生虫病一般浸洗 1~2 h 即可见效；传染性鱼病需浸洗多次才能痊愈，重复浸洗要间隔 1~2 d。注意药液要现用现配。常用药为溴氰菊酯、亚甲基蓝、红药水、敌百虫、高锰酸钾等。

二、全水体施药（药浴治疗法）

全水体施药（药浴治疗法）是治疗鱼类疾病最常用的方法，目的是杀灭锦鲤鱼体、水体中的病原体。采用低浓度、对鱼体安全有效的药物，均匀地遍洒于水体，严格计算用药量，发现任何不良反应，应立即停止治疗。治疗前病鱼要停喂 12~48 h，减少耗氧量，水中溶解氧要充足，避免水温变化过大。

药浴常用药物有食盐、高锰酸钾、福尔马林、呋喃类抗生素等。无论是浸洗还是药浴，药剂计量必须精确。如浓度不够，不能有效地杀灭病菌；如果浓度太高，易对锦鲤造成毒害，甚至死亡。

三、内服药饵

将药物拌入饵料中投喂，主要防治细菌性疾病、内脏器官发生病变、营养失调引起的疾病及体内寄生虫病。常用药品为抗生素驱虫药物、营养物质等。首先将药剂溶于水，使之渗透到饲料表面，或加工成药饵投喂病鱼。但是对已经丧失摄食能力的病鱼不适用。

四、注射法

通常采用腹腔、胸腔和肌内注射，主要治疗一些传染病。适用于大型锦鲤，这种方式对鱼体吸收药物更有效、直接。

五、局部处理（手术法）

如摘除寄生虫，对外伤和局部炎症涂药等，从而达到治愈锦鲤疾病的目的，如亲鱼产卵后受伤，可用红霉素软膏涂抹生殖腺。涂抹前必须先将患处清理干净后施药，常用药为红药水、碘酊和高锰酸钾等，主要治疗外伤及鱼体表面的疾病。病情较严重时常采取多种治疗方法，如同时口服药物和药浴或注射抗生素。

第七节　锦鲤常见疾病防治

　　锦鲤常见疾病分为细菌性疾病、病毒性疾病、真菌性疾病、寄生虫类疾病和其他疾病。按一年四季气候和水温的变化，锦鲤发生的病害有差异。春季，气温回升，万物复苏，病害较多，水温 12~20℃时，适宜多种病原体生长，容易引发细菌病、病毒病、水霉病、寄生虫病等多种疾病。春季是繁殖季节，在锦鲤繁殖期间，鱼卵容易得水霉病。夏季水温 26~30℃，烂鳃病、肠炎、出血病、赤皮病较为普遍，寄生虫病中锚头鳋病、鱼鲺病等时有发生。对锦鲤危害较严重的是鲤春病毒病，有人称昏睡病，目前治疗没有特效药，只能以预防为主。夏季高温季节，是锦鲤生长旺季，饲料投喂量增加，水质容易变坏，鱼池容易发生缺氧等池塘事故。秋季随着气温下降，水温 12~20℃，鱼病情况与春季基本相同。冬季水温较低，水温 3~10℃，一般较少发生鱼病。冬季鱼病主要有斜管虫病、水霉病、烂鳃病、烂尾病、出血病、锦鲤疱疹病毒病。北方的越冬锦鲤在冰下容易缺氧，注意及时破冰增氧。

一、细菌性疾病

（一）烂鳃病

【病原】

　　引发锦鲤烂鳃病的主要病因有三种：①细菌——鱼害黏球菌引起的细菌性烂鳃病；②真菌——鳃霉引起的鳃霉病；③寄生虫引起的各种鳃病，包括原生动物、黏孢子虫、指环虫和中华鳋引起的各种鳃病。

【症状】

　　（1）由鱼害黏球菌引起的细菌性烂鳃病。鳃丝腐烂带泥，严重时鳃丝末端

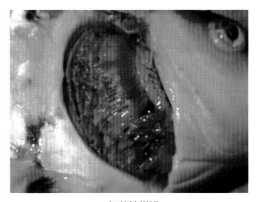

细菌性烂鳃

软骨外露，鳃盖内侧表皮充血，中央表皮常被腐蚀成一个圆形透明的小洞，俗称"开天窗"。

（2）由真菌引起的鳃霉病。病鱼鳃部苍白色，有时有点状充血或出血现象。此病常引起锦鲤暴发性死亡，镜检时发现鳃霉菌丝。

（3）由寄生虫引起的鳃病。

①寄生的原生动物大量繁殖，刺激鱼鳃产生大量黏液，使锦鲤呼吸困难，因此浮头时间较长，严重时体色发黑，离群独游，漂浮水面。②黏孢子虫引起的鳃病一般在鳃的表皮组织有许多白色点状或块状胞囊，肉眼容易看到。③指环虫等引起的鳃病呈显著浮肿，鳃盖微张开，黏液增多，鳃丝呈暗灰色，镜检可见长形虫体蠕动。④中华鳋引起的鳃病，鳃丝末端肿大、发白，寄生许多虫体，并挂有蛆状虫体，故有"鳃蛆病"之称。

【流行及危害】

烂鳃病是危害锦鲤最严重的细菌性疾病之一。此病常和赤皮病并发。高峰期水温为25~28℃，锦鲤发病严重时死亡率高达90%以上。各年龄锦鲤均有发生。

【防治方法】

（1）细菌及真菌性烂鳃病的防治。

①鱼必用水体消毒剂（如鱼必用、菌毒立清等）全池泼洒，重症隔日再用1次；同时配合使用水产用恩诺沙星粉、大蒜素、苷保、酯化高稳维生素C等，按0.2%的比例拌饲，连续投喂3~6 d。②碘制剂（如强力碘等）全池泼洒，用量见说明书。③ 0.25 mg/L 超碘季胺类药物全池泼洒。④用呋喃西林或呋喃唑酮 20 mg/L 浸洗10~20 min 或用 2 mg/L 的呋喃西林溶液全池泼洒，数天后再更换新水；或用 5% 的食盐水配合 20 mg/L 红霉素浸泡。⑤将大黄捣碎，用大黄 20 倍量的 0.3% 氨水浸泡过夜，提高药效后连水带渣全池泼洒，使水体中药物的浓度达到 2.5~3.5 mg/L。⑥将五倍子磨碎后用沸水浸泡，泼洒在饲养水体中，使水体中药物浓度达到 2~4 mg/L。⑦本草安康（2.0~3.0）× 10^{-4} mL/L 全池泼洒。

（2）寄生虫引起的烂鳃病的防治。

先杀虫，然后治烂鳃。

①用桉驱泼洒，浓度为 $1 × 10^{-4}$ mL/L，连用 3 d。②内服桉驱等抗寄生虫类药饵（按饲料量 5mL/kg 拌药，1% 投喂量），每天 1 次，连喂 3 d。③用复方增效敌百虫150g/ 亩泼洒。

（二）肠炎

【病原】

该病由肠型点状气单胞菌引起。

【症状】

表现为病鱼食欲降低，行动缓慢，常离群独游；鱼体发黑或体色减退，头部、尾鳍更为显著；腹部膨大，出现红斑，肛门红肿，初期排泄白色线状黏液或便秘，挤压腹壁有黄红色腹水流出；解剖肠管，可见肠壁局部充血发炎，肠内无食物，黏液较多；发病后期，全肠呈红色，肠壁弹性差，充满淡黄色黏液；解剖病鱼，可看到肠道发炎充血，甚至肠道发紫，很快就会死亡。

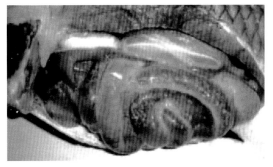

肠炎

【流行及危害】

此病常和细菌性烂鳃病、赤皮病并发。水温18℃以上开始流行，发病高峰期水温为25~30℃，多见于4~10月。各年龄、各季节锦鲤均有发生。

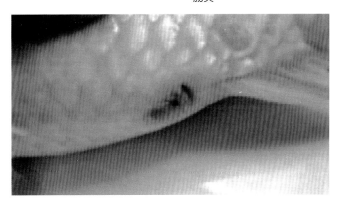

患肠炎的鱼的泄殖孔

【防治方法】

（1）如果是消化不良引起的肠炎，要减少饲料投喂量，甚至停食几天，让锦鲤恢复肠功能。还可以用大蒜泥做成药饵饲料少量投喂锦鲤，每天1次，连喂3d；或用畅康（1g/kg）做成药饵饲料少量投喂锦鲤，每天1次，连喂3d；或用红鲲锦鲤功能性饲料防治。

（2）如果是寄生虫引起的肠炎，可以桉驱等抗寄生虫类药饵（5mL/kg，按1%投喂量），每天1次，连喂3d，能有效治疗肠炎病。

（3）如果是水质变坏引起的肠炎，首先，要先换水1/3，保持良好的水质。其次，在每千克饲料中加入 3~5 g 水产用恩诺沙星粉，每天饲料投喂量占鱼体重的 1% 左右，要及时给病鱼充氧。

（4）在 5 L 水中溶解呋喃西林或呋喃唑酮 0.1~0.2 g，然后将病鱼放入其中浸浴 20~30 min，每日 1 次。

（5）用呋喃西林或呋喃唑酮药液全池泼洒，药量按每 50 L 水体放 0.1 g；每 1 kg 体重用 0.03~0.05 g 的水产用恩诺沙星粉拌在饲料中投喂病鱼，每天 1 次，连喂 3~4 d。

（6）对于发病严重已不摄食的锦鲤，每天腹腔注射卡那霉素 500~1 000 IU，连续 3~5 d 或直至症状消失。

（三）赤皮病

【病原】

荧光假单胞菌。

【症状】

病鱼体表局部或大面积充血发炎，鳞片脱落，特别是鱼体两侧及腹部最明显。背鳍、尾鳍等鳍条基部充血，鳍条末端腐烂或感染水霉；病鱼常伴有肠炎和烂鳃症状。

【流行及危害】

无论是幼鲤还是成鲤，一年四季都有发生，尤其在捕捞、运输鱼体受伤后易患

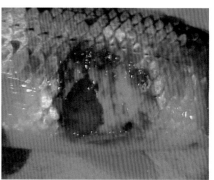
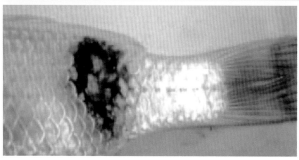

赤皮病

此病，北方在越冬后最易暴发。水温 25~30℃时易发病，春季和秋季水温低于 15℃时此病易流行，并发感染水霉菌影响锦鲤的观赏价值。当年的锦鲤患病较多。

【防治方法】

（1）注意饲养管理，操作要小心，尽量避免鱼体受伤。

（2）预防时，用漂白粉 1 mg/L 全池遍洒，适用于室外池塘养殖的锦鲤。

（3）治疗用 20 mg/L 呋喃西林或呋喃唑酮浸洗，或用 0.2~0.3 mg/L 呋喃西林或呋喃唑酮溶液全池遍洒。

（4）用利凡诺 20 mg/L 浸洗或 0.8~1.5 mg/L 全池遍洒。

（5）菌毒立清 0.15~0.2 mg/L 全池泼洒，重症隔日再用 1 次。

（6）碘制剂全池泼洒，重症隔日再用 1 次。

（四）烂尾病

【病原】

由多种气单胞菌引起。

【症状】

锦鲤尾鳍受伤后经皮肤感染得病。患病初期，鳍的外缘和尾柄处有黄色或黄白色的黏性物质，继而尾鳍及尾柄处充血、发炎，糜烂严重时尾鳍烂掉，溃疡处肌肉出血、溃烂、骨骼外露，严重时死亡。

【流行及危害】

一年四季均可发生，危害各种年龄段的锦鲤，在春、秋季水温低时，会继发感染水霉病。

【防治方法】

（1）用派拉西林或他唑巴坦（2.25 g）加 0.7% 生理盐水稀释到 300 mL，胸鳍下体腔注射 2 mL，再用酒精涂抹患处后擦干外敷红霉素软膏，每天 1 次，连续处理 3 d。

烂尾

烂尾病

（2）锦鲤体重小于100 g，置浓度5mg/L的聚维酮碘浸泡10 min，再用酒精涂抹患处后外敷红霉素软膏，每天1次，连续3 d。

（3）碘制剂全池泼洒，重症隔日再用1次。

（五）白头白嘴病

【病原】

黏细菌；白头白嘴病也有因车轮虫大量侵袭而引起。

【症状】

病鱼活动缓慢，体色稍黑，头顶和嘴周围发白。在发病部位取组织制片放在显微镜下检查，可以看到成丛寄生的黏细菌不停地摆动，或者能看到成群的车轮虫活动。病鱼的额部和嘴周围皮肤色素消失，呈现白色。这种症状，病鱼在水中游动时观察得最清楚，所以叫"白头白嘴病"。病情严重时，鱼头部和嘴周围发生溃烂，有的鱼头部会出现充血现象。病鱼体瘦发黑，浮游在池边，不久便出现死亡。

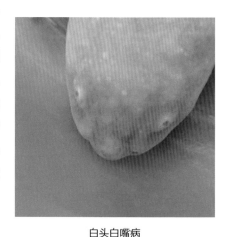

白头白嘴病

【流行及危害】

流行期在每年4~7月。锦鲤鱼苗下池1周左右最容易发生此病。鱼苗下池后饲养一段时间（15~20 d）后，如不及时拉网分池，容易发生此病。

【防治方法】

（1）彻底清塘消毒，不投放未经充分发酵的肥料。

（2）鱼苗下塘饲养密度要适中，及时分池饲养，保证鱼苗有充足适口饵料。

（3）治疗用菌毒立清 0.15~0.2 mg/L 全池泼洒，连续 2 d。

（4）治疗用 1 mg/L 的漂白粉全池泼洒。

（5）用浓度 2~4 mg/L 的五倍子捣烂，用热水浸泡，连渣带汁全池泼洒。

（6）用生石灰 15~20 kg/ 亩加水调匀，全池泼洒。

（7）用 0.7 mg/L 呋喃唑酮全池泼洒。

（8）发病鱼池，用碘制剂每天 1 次，连泼 2 d。

（9）镜检发现车轮虫时按车轮虫病方法治疗。

（六）竖鳞病

竖鳞病又叫松鳞病、立鳞病。

【病原】

由水型点状假单胞菌感染引起，该菌是条件致病菌，当水质污浊、鱼体受伤、饲养不当时，锦鲤循环系统和消化吸收功能异常所致。

【症状】

病鱼体表粗糙，两侧鳞片向外炸开，部分或全部鳞片竖起似松果状；鳞基水肿，其内部积存半透明或含血渗出液，在鳞片上稍加压力会有液体从鳞基喷射出来；腹腔内有液体积存，身体膨胀。表皮粗糙，黏液分泌较少，外观呈松球状。有的病鱼伴有鳍基充血、水肿，皮肤轻度充血，眼球外突等症状；病鱼离群缓游，严重时呼吸困难，反应迟钝，浮于水面，重则死亡。

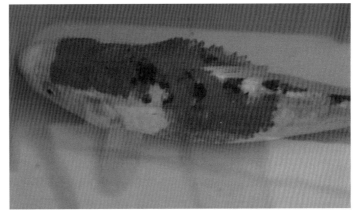

竖鳞病

【流行及危害】

主要流行于静水鱼池，发病后导致病鱼大批死亡。每年秋末及春季水温较低时是流行季节，水温 17~22℃时是流行盛期，有时也会在越冬后期发生。主要危害个体较大的 2 龄以上锦鲤，越冬后锦鲤抵抗力减弱，最容易患此病。

【防治方法】

（1）加强锦鲤越冬前的育肥工作，合理投喂。水温低于 20℃时要投喂低蛋白饲料或胚芽饲料，停止投喂高蛋白饲料，将锦鲤消化系统的负担降到最低。早春水温回升后，投喂水蚤、水蚯蚓等活饵料，增强鱼体抵抗力。

（2）对于局部竖鳞的锦鲤，可以先人工把竖鳞部位的脓水挤干净并擦干患处，用高浓度高锰酸钾对伤口进行消毒处理，然后用阿米卡星针剂进行注射，剂量控制在鱼体长每 10 cm 注射 0.1 mL。

（3）用 2% 食盐和 3% 小苏打混合液浸洗病鱼 10~15 min，然后放入食盐水（0.01%~0.02%）静养，具体时间根据鱼的抵抗力而定。浸泡时人不能离开，一旦鱼体侧翻必须马上捞起放到清水里。每天 1 次，连续浸洗 3~5 次。

（4）用呋喃西林 20 mg/L 溶液浸洗病鱼 20~30 min，或呋喃西林 1~2 mg/L 全池泼洒（水温 20℃以上用量为 1~1.5 mg/L，20℃以下用量为 1.5~2 mg/L）。

（5）用链霉素腹腔注射，每尾锦鲤 5 万 ~10 万 IU。

（6）投喂盐酸多西环素 + 鲈苷素 + 益力多 + 维多利，按（3 g+25 g+20 g+15 g）/kg饲料，1% 投喂量，连喂 5~7 d。

（7）用菌毒立清 0.15~0.2 mg/L 泼洒 1 次。

（七）出血病

【病原】

该病有细菌引起的出血，也有呼肠弧病毒引起的出血。

【症状】

病鱼的鳍条、鳞片通常比较完整，眼眶四周、鳃盖、口腔和各鳍条的基部充血，如果将皮肤剥开，可见肌肉呈点状充血，某些部位有紫红色斑块，严重时全部肌肉呈血红色；肠道、肾脏、肝脏、脾脏也有充血现象，腹腔内有大量腹水；打开鳃盖可见鳃部呈淡红色或苍白色；病鱼游动缓慢、呆浮或沉底懒游，轻者食欲减退，重者拒食、体色暗淡、清瘦、分泌物增加，有时并发水霉、败血症而死亡。

【流行及危害】

出血病是锦鲤常见的一种疾病。主要发生于夏季、秋季，一般 6~8 月为流行季节。适宜水温是 25~30℃。流行广泛，危害性大，是急性鱼病，可造成各种规格锦鲤的大批死亡。饲养水体水质恶化、水中溶解氧量降低、总氮和有机物耗氧量增高、

出血病

放养锦鲤密度过大，引起锦鲤抵抗力下降，病毒乘虚而入，导致发病。

【防治方法】

（1）加强饲养管理，保持良好的水质，夏、秋季节尽量低密度养殖，创造良好的水体环境对预防该病有一定的效果。

（2）流行季节用漂白粉 1 mg/L 全池遍洒，每隔 15 d 全池泼洒 1 次进行预防。

（3）用红霉素 10 mg/L 浸洗 50~60 min，再用呋喃西林 0.5~1 mg/L 全池遍洒，10 d 后再用同样浓度全池遍洒。

（4）3%~5% 的食盐水药浴 10~15 s，或使用强氯精 1 mg/L 药浴，全池杀菌。

（5）投喂氟苯尼考粉 + 鲈苷素 + 益力多 + 维多利，按(3 g+25 g+20 g+15 g)/kg 饲料，1% 投喂量，连喂 5~7 d。

（6）使用"红鲲"锦鲤功能性饲料防治，效果显著。

二、真菌引起的疾病

水霉病

水霉病俗称白毛病、肤霉病。

【病原】

病原体为水霉菌，该病由水霉属和绵霉属的真菌寄生引起。

【症状】

凡是受伤部位均可被水霉感染，主要表现为病鱼体表或鳍条上呈灰白色如棉絮状的菌丝，又称白毛病。菌丝体着生处组织坏死，伤口发炎充血或溃烂。严重时菌丝体厚而密，鱼体负担过重，游动迟缓，食欲减退，终致死亡。在受精卵孵化过程中也常发生，卵膜外丛生大量菌丝叫"卵丝病"。

水霉病

【流行及危害】

一年四季均可发生，秋末到早春是主要流行季节，全国各地都有此病流行。尤其早春、晚冬及阳光不足、阴雨连绵的季节更为多见。当鱼体因操作不慎受伤、寄生虫破坏鳃及体表、水温过低冻伤皮肤时，水霉趁机侵入机体，在水温适宜(15℃左右)时，3~5 d就能长出菌丝体，若伤口继发感染细菌则会加速病鱼死亡。

【防治方法】

（1）饲养、拉网、运输过程中谨慎操作，避免鱼体受伤，这是预防水霉病发生的重要方法。尽量避免在水温15℃以下的条件下拉网操作，以免鱼体冻伤或擦伤；入池前用3%~5%的食盐水溶液浸泡8~10 min。

（2）用5%~10%溴氰菊酯溶液涂抹伤口。

（3）用4%~5%食盐+4%~5%小苏打(1∶1)的混合溶液全池遍洒。

（4）口服维生素E，每10 kg鱼体重每天用0.4~0.6 g（制成颗粒药饵投喂），增强锦鲤抵抗力。

（5）全池泼洒0.4~0.5 mg/L亚甲基蓝，隔2 d再用1次，5 d后用菌毒立清0.15~0.2 mg/L泼洒1次。

（6）每千克体重肌内注射链霉素15 mg。

（7）用 10% 硝呋苯磺酸钠 10 g/m³ 和食盐 5 kg/m³ 溶液，全池泼洒。

三、病毒性疾病

（一）鲤春病毒病

它又叫锦鲤春季病毒血症（简称 SVC）。

【病原】

由鲤鱼棒状病毒所引起。

【症状】

患病鱼群集于入水口处，病鱼无目的地漂游，虚弱至无力维持身体平衡，体色发黑、发暗，体表及鳃部有瘀斑性出血点，肌肉和真皮充血，内脏器官出血明显，腹部腹水、肿大，肛门红肿充血，挤压有脓血流出，个别个体眼球突出。

鲤春病毒病

【流行及危害】

只在春季气候逐渐变暖时流行（水温 13~20℃）。主要危害 1 龄以上锦鲤，鱼苗和种鱼很少感染。多发于露天的饲养池，室内鱼缸中饲养的锦鲤，因水温变化不太剧烈，发病较少。冬季水温低，此病呈慢性，春季水温回暖后则呈急性。水温升至 20℃以上很少发生，而秋、冬季即使水温相同也不会发病。感染后死亡率在 30%~40%，有时高达 70%。

【防治方法】

（1）利用加热棒加热，保持水族箱内水温在 20℃以上；如果采用温棚越冬，待水温回升至 20℃以上才移出温室，基本可避免鲤春病毒病的发生。

（2）为越冬锦鲤尤其是幼龄锦鲤清除体表寄生虫（主要是水蛭和鱼鲺）。

（3）药浴预防，用含碘量 100 mg/L 的聚维酮碘洗浴 20 min。

（4）全池泼洒大黄浸泡液，用量 1~2.5 g/m³。

（5）大黄粉拌饵投喂，每天 100 kg 鱼体用量 0.5 kg，与（4）方法并用，内外兼施效果更佳。

（6）全池泼洒本草安康，用量为 0.2~0.3 mL/m³。

（7）本草安康＋苷保＋高稳酯化维生素 C 拌饵投喂，每天 100 kg 鱼体用量（4~6）mL+30 g+10 g，与（6）方法并用，内外兼施效果更佳。

（8）对大型锦鲤可采用腹腔注射疫苗来预防。治疗时注射鲤春病毒抗体，可预防锦鲤再次感染。

（二）锦鲤疱疹病毒病

【病原】

锦鲤疱疹病毒（简称 KHV），暂列为疱疹病毒科，鲤疱疹病毒属，又称鲤疱疹病毒Ⅲ型（CyHV-Ⅲ），与鲤痘疮病毒（鲤疱疹病毒Ⅰ型，CyHV-Ⅰ）和金鱼造血器官坏死病毒（鲤疱疹病毒Ⅱ型，CyHV-Ⅱ）同属。

在分类学上是属于疱疹病毒科 DNA 病毒。

【症状】

鳃部出现红色和白色斑块，鳃部出血，眼球凹陷，皮肤上出现白斑或水疱。鳃部镜检会发现大量的微生物和寄生虫。病鱼体内表现的症状并不一致，但通常会出现体腔粘连或在内脏器官上

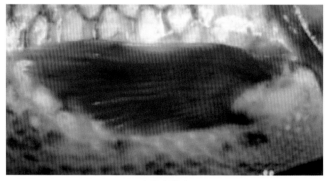

疱疹病毒病

疱疹病毒病

患鱼鱼鳃

出现斑状。KHV 目前还没有有效的治疗方法。

【流行及危害】

　　锦鲤疱疹病毒病是一种传染性很强的病毒性疾病，感染鱼群达 80%~100% 的死亡率。在水温 22~27℃,锦鲤更易受到 KHV 的感染。KHV 可感染不同年龄段的锦鲤，交叉感染表明幼鱼比成鱼更易感染 KHV。水温升到 30℃时，鱼体本身会对病毒产生抵抗力。升高水温只是提高存活率，并且会导致一些致病菌和寄生虫的繁殖。

【防治方法】

　　（1）目前还没有 KHV 疫苗，但通过腹腔注射减毒的 KHV 病毒可使锦鲤产生高的 KHV 抗体，从而获得对 KHV 的免疫，在 KHV 暴发时有更大的存活概率。感染后康复的锦鲤也可能携带病毒。因此，对于已经诊断出 KHV 的锦鲤以及同池的锦鲤都应该进行无害化处理。

　　（2）对鱼池水体和各种设施进行消毒，KHV 病毒颗粒在水体中至少可以存活 4 h。一些常用的消毒手段可以有效杀灭水体中的病毒。在消毒前应将设备进行清理，取出杂质等。

　　（3）用含氯离子的消毒剂对池塘进行消毒，用量为 200 mg/L，消毒 1 h。

四、寄生虫类疾病

（一）小瓜虫病（白点病）

【病原】

　　原生动物纤毛虫多子小瓜虫引起的疾病，小瓜虫具有典型的生命周期，一旦在鱼体上寄生很难清除。

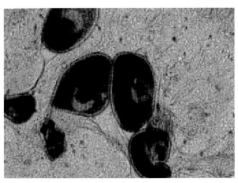

小瓜虫

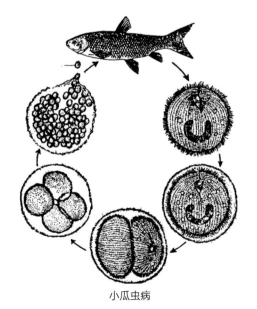

小瓜虫病

【症状】

一是鱼体上有小白点，二是异常行为或黏液分泌。小瓜虫寄生在锦鲤的皮肤、鳍条和鳃组织里，形成胞囊，呈白色小点状。严重时全身皮肤和鳍条满布白点并覆盖白色黏液，病鱼体表形成一层白色基膜；病鱼瘦弱，鳍条破裂，多数漂浮水面不游动或游动缓慢。

【流行及危害】

它是锦鲤常见的寄生虫病。小瓜虫病的流行有明显的季节性，易发生在水温15~25℃的春、秋两季，特别是水温易发生变化的早春或初秋，可造成大批鱼死亡，死亡率可达60%~70%。在低温、营养不良、饲养过密、应激情况下容易发生，当水温低于10℃或高于26℃时不会发生此病。

【防治方法】

（1）早期发现，使用亚甲基蓝 1~2 mg/L，连续数日药浴。

（2）用亚甲基蓝和福尔马林混合药浴数日，1 t水亚甲基蓝 2 g+福尔马林 30 mg，数日内不排水，亚甲基蓝使用后用活性炭吸附。

（3）发病鱼塘，每亩水面每米水深用辣椒粉 210 g、生姜干片 100 g，煎成 25 kg溶液，全池泼洒，每天 1 次，连泼 2 d。

（4）用浓度 167 mg/L 冰醋酸水溶液浸洗鱼体，水温在 17~22℃时浸洗 15 min，以后每隔 3 d 浸洗 1 次，浸洗 2~3 次为 1 个疗程。

（5）用大蒜素 2~3 g/m³ 全池泼洒。

（6）①用桉驱泼洒，浓度为 1×10^{-4} mL/L，连用 3 d。7 d后再用 1 个疗程。②内服桉驱等抗寄生虫类药饵(按饲料量 5 mL/kg 拌药，1% 投喂量)，每天 1 次，连喂 3 d。③鱼塘连用改底 3 d。1 周后再用 1 个疗程。④增氧剂增氧,保持水体含氧量充足。⑤投喂鲈苷素 + 益力多 + 维多利，按（25 g+20 g+15 g）/kg 饲料，1% 投喂量，连喂 5~7 d。

（7）小水体可提升水温到 28℃以上，连续 3 d 用升温法治疗。

（8）注意：①不能用硫酸铜和硫酸亚铁合剂治疗小瓜虫病，使用该药不但对小瓜虫杀灭无效，反而会促进小瓜虫形成胞囊大量繁殖，使病情更加恶化。②硝酸亚汞和孔雀石绿是剧毒产品，会对人体产生伤害，同时也是致癌物质，国家已明令禁用，在其他病害的治疗上亦严禁使用。

（二）车轮虫病

【病原】

车轮虫属显著车轮虫、东方车轮虫、卵形车轮虫、眉溪小车轮虫。

【症状】

锦鲤体表有糙点、白云状充血是主要症状。寄生在锦鲤体表、鳍条、口腔、鼻腔及鳃丝。当鳃部感染时，鳃丝分泌黏液多，将鳃丝彼此包裹起来，致使呼吸困难，在进水口聚集，并由于呼吸困难而死亡。当发展成重症时，全身被白色黏液覆盖一

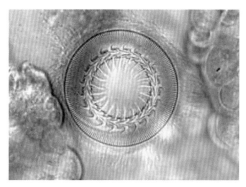

车轮虫

层，如不及时治疗，不久就会死亡。特别危害 20 cm 以内的当年鱼，通常车轮虫病会与斜管虫病并发，严重危害锦鲤鱼苗的生存。

【流行及危害】

5~8 月为流行季节。春末夏初为高发期，通常是密度较大的锦鲤苗池（塘）较容易发病。水温在 25℃ 以上时车轮虫大量繁殖，车轮虫寄生数量多时，可导致锦鲤死亡。

【防治方法】

（1）锦鲤转入池之前用 8 mg/L 硫酸铜浸泡 20~30 min，或用食盐水 3%~5% 药浴 10~20 min。

（2）用浓度 3~5 mg/L 的高锰酸钾进行药浴，主要针对成鱼，溶解高锰酸钾要用干净的井水等。

（3）治疗使用溴氰菊酯 0.1 mg/L 全池泼洒。

（4）治疗使用硫酸铜和硫酸亚铁合剂全池（缸）泼洒，用量 0.5 mg/L 硫酸铜 +0.2 mg/L 硫酸亚铁，可有效地杀灭锦鲤体表和鳃上的车轮虫。

（5）①用桉驱泼洒，浓度为 1×10^{-4} mL/L，连用 3 d。②内服桉驱等抗寄生虫类药饵（按饲料量 5 mL/kg 拌药，1% 投喂量），每天 1 次，连喂 3 d。

（三）三代虫病

【病原】

秀丽三代虫。

【症状】

寄生在锦鲤皮肤和鳃上，其形状大小和指环虫相似，虫体的后端有 1 个固着盘，盘上有 1 对大锚钩和 8 对小钩，借此固着在鱼鳃和体表上。三代虫是胎生生殖，每

一个成虫体中部可以看见一个椭圆形胎儿，而在这胎儿体内，又开始孕育下一代胎儿，故名"三代虫"。三代虫的最适繁殖水温为20℃左右。三代虫的胎儿从母体产出以后就具有成虫的特征，它在水中漂浮，遇到鱼后，附在鱼体上营寄生生活。以鱼的黏液、组织细胞和血液为营养。鱼体大量寄生三代虫后，黏液增多，食欲减退，鱼体消瘦，呼吸困难，逐渐死亡。每年的春季和初夏危害饲养的幼鱼。

【流行及危害】

一年四季均可发生，夏、秋两季流行。

【防治方法】

（1）用 0.5 mg/L 的晶体敌百虫（90%）全池泼洒。

（2）用 0.1~0.4 mg/L 的晶体敌百虫和面碱合剂（比例为 1 : 0.6）混合全池泼洒。

（3）用 1~2 mg/L 敌百虫粉剂 2.5% 全池

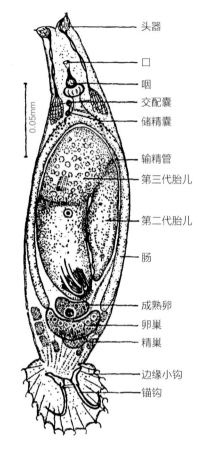

三代虫

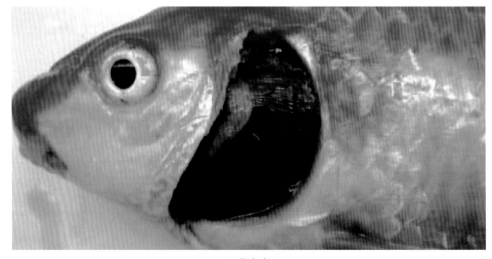

三代虫病

泼洒。

（4）用 4 mg/L 的福尔马林液浸泡病鱼 25~30 min。

（5）用 20 mg/L 的高锰酸钾溶液浸洗病鱼，水温 10~25℃，浸洗 5~30 min。

（6）①用桉驱泼洒，浓度为 1×10^{-4} mL/L，连用 3 d。②内服桉驱等抗寄生虫类药饵（按饲料量 5 mL/kg 拌药，1% 投喂量），每天 1 次，连喂 3 d。

（四）斜管虫病

【病原】

鲤斜管虫。

【症状】

锦鲤游动缓慢，食欲减退，黏液分泌异常。幼苗期主要是损害皮肤和鳍条，成鱼则除侵害皮肤外，同时还大量侵害鳃、口腔黏膜和鼻孔。鱼体和鳃丝部位受大量病原体刺激，引起分泌大量黏液，将各鳃小片黏合起来，束缚鳃丝的正常活动，使锦鲤呼吸困难，分泌的大量黏液会使锦鲤的皮肤表面形成苍白色或淡蓝色的黏液层，严重时鱼体消瘦变黑，漂游水面，或停浮在鱼池的下风处死亡。死亡的病鱼体表黏液较多，鳃丝淡红色、肥厚。

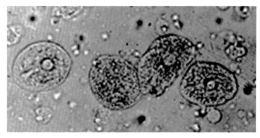

斜管虫

【流行及危害】

斜管虫病是一种在秋季到冬季的低水温时期发生的疾病。斜管虫适宜繁殖的温度是 12~18℃，当水温低至 11℃时仍可大量出现，而水温 28℃以上此病不易发生。

【防治方法】

（1）池塘用 150 kg/ 亩生石灰彻底清塘消毒；放鱼前用 3%~5% 的食盐水浸浴 10~20 min 进行体表驱虫消毒。

（2）用硫酸铜与硫酸亚铁合剂（5：2）0.7 mg/L 全池泼洒。

（3）用 2 mg/L 高锰酸钾在水温 10~20℃时浸泡 20~30 min。

（4）①用桉驱泼洒，浓度为 1×10^{-4} mL/L，连用 3 d。②内服桉驱等抗寄生虫类药饵 (按饲料量 5 mL/kg 拌药，1% 投喂量)，每天 1 次，连喂 3 d。

（五）指环虫病

【病原】

病原是一类单殖吸虫，有多种。

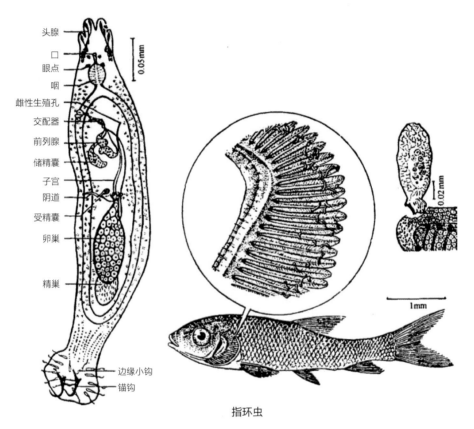

指环虫

【症状】

指环虫用锚钩和小钩钩住锦鲤的鳃组织，并不停运动，破坏了鳃丝的表皮细胞，刺激鳃细胞分泌过多的黏液，妨碍鱼呼吸。病鱼体色变黑，身体瘦弱，游动缓慢，食欲减退，鳃部显著浮肿，黏液增加，鳃丝张开并呈暗灰色，离群独游，逐步瘦弱死亡。

【流行及危害】

指环虫病是影响和危害锦鲤最大的蠕虫类鱼病之一，指环虫适宜生长水温为20~25℃，多在初夏和秋末两个季节流行。主要危害锦鲤苗种、幼鱼。

【防治方法】

（1）预防用 20 mg/L 高锰酸钾溶液浸泡 15~30 min，或用 1 mg/L 的晶体敌百虫

（90%）溶液浸泡 20~30 min。

（2）用 1~2 mg/L 敌百虫粉剂（2.5%）全池泼洒。

（3）用 0.2~0.4 mg/L 晶体敌百虫 (90%) 全池泼洒，严重的间隔 1 d 后重复 1 次。

（4）①用桉驱泼洒，浓度为 1×10^{-4} mL/L，连用 3 d。②内服桉驱等抗寄生虫类药饵 (按饲料量 5 mL/kg 拌药，1% 投喂量)，每天 1 次，连喂 3 d。

（六）黏孢子虫病

【病原】

病原是黏孢子虫、微孢子虫、碘孢子虫，具有明显的生命周期。

【症状】

因病原种类不同，一般在锦鲤体表、皮下、鳃、肌肉处形成大小不一的胞囊，使鱼体变黑变瘦，游动无力；虫体寄生在鳃上，在鳃部肉眼可见许多白色胞囊，会破坏鳃组织，影响锦鲤的呼吸，同时也会使鳃盖骨鼓起，形成畸形。

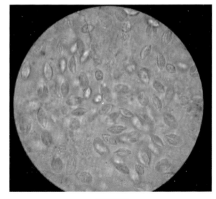

孢子虫

孢子虫病

【流行及危害】

本病对锦鲤鱼苗危害较大。

【防治方法】

目前没有特别有效的治疗药物，隔离、充氧可预防该病发生，一旦发现鳃上有肿块的鱼尽快隔离或处理掉，以免传染其他鱼类。

（1）用苯扎溴铵溶液治疗：一次性用量，浓度为 0.10~0.15 g/m³（以有效成分计），每隔 2~3 d 用 1 次，连用 2~3 次；预防：15 d 用 1 次 (剂量同治疗量)。

（2）用 1 mg/L 的晶体敌百虫 (90%) 全池泼洒多次，每 2 周重复使用 1 次。

（3）其他：①用浓度为 1×10^{-4} mL/L 的桉驱泼洒，连用 3 d。②内服桉驱等抗寄生虫类药饵（按饲料量 5 mL/kg 拌药，1% 投喂量），每天 1 次，连喂 3 d。

（七）口丝虫病（鱼波豆虫病、白云病）

【病原】

鱼波豆虫。

【症状】

感染初期锦鲤鱼体会发痒，在池底、池壁摩擦鱼体。病鱼皮肤上有一层乳白色或灰蓝色的黏液，使病鱼失去原有的光泽。在鱼体破伤处充血发炎，往往感染细菌或水霉，形成溃疡，使病情更加恶化。当虫体大量侵袭鱼鳃时，由于鳃组织被破坏，影响锦鲤呼吸，因此病鱼常游近水表层呈浮头状。病鱼食欲减退，无精打采，缩尾夹鳍，群聚于池底角落，

口丝虫病

反应迟钝，逐渐失去平衡，横卧于池底，最后衰竭死亡。

【流行及危害】

在全国各地均有流行。通常发生在面积小、水质较差的水体中。在水族箱中饲养的锦鲤特别容易发生此病。适宜温度 10~20℃，危害最大的是幼鱼和 2 龄以上的大鱼。流行季节为冬末至夏初。

【防治方法】

（1）增强水流，可减少口丝虫的附着寄生。维持水质洁净稳定，减少对鳃或体表组织的刺激。

（2）用 2% 的食盐水浸洗 5~15 min 或 3%~5% 的食盐水浸洗 1~2 min，连续数天。

（3）用浓度为 20 mg/L 高锰酸钾，在水温 10~20℃时，浸洗 20~30 min；水温 20~25℃时，浸洗 15~20 min；水温 25℃以上时，浸洗 10~15 min。

（4）每 100 L 水体中加 30 万 ~50 万 u 的青霉素，用于浸泡。

（5）用浓度为 20~30 mg/kg 的福尔马林，每 2~3 d 使用 1 次，连续数次。

（6）①用浓度为 1×10^{-4} mL/L 的桉驱泼洒，连用 3 d。②内服桉驱等抗寄生虫类药饵 (按饲料量 5 mL/kg 拌药，1% 投喂量)，每天 1 次，连喂 3 d。

（八）锚头鳋病

【病原】

鲤锚头鳋。

【症状】

是一种常见病，分布广泛，在高密集养殖池塘中容易大量繁殖。锚头鳋头部刺入鱼体，以吸收鱼体破碎细胞和组织液为营养物质。锦鲤感染锚头鳋初期，病鱼摆动鳍条、摩擦身体或不自然地跳跃；时间较长时，锚头鳋寄生引起鱼体组织被破坏或刺痛，使感染部位发炎出血，继发性伤口易感染水霉病或细菌性穿孔病、立鳞病等，引起二次伤害。大量寄生锚头鳋后，病鱼离群独游，或游动迟缓、食欲减退、体质消瘦，严重时死亡。

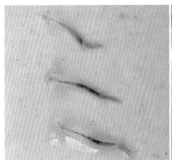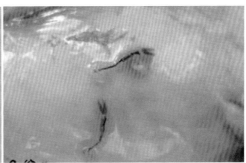

锚头鳋

锚头鳋病

【流行及危害】

从春到秋都会发生，主要发生在鱼种阶段。水温低于11℃时锚头鳋停止生长，在低温下寄生在鱼体表越冬，水温回升到15℃以上时开始活动。

【防治方法】

（1）用生石灰彻底清塘，杀灭水中的锚头鳋成虫、幼虫和卵块。

（2）全池泼洒敌百虫，使水体浓度达 0.2~0.5 mg/L，2 周 1 次，连用 2~3 次。敌百虫可清除锚头鳋幼虫，对成虫或卵囊无效。

（3）用高锰酸钾溶液浸泡 1.5~2 h，水温 15~20℃时，使用浓度为 20 mg/L；水温 21~30℃时，使用浓度为 10 mg/L，每天 1 次，连续 3 d，可杀死锚头鳋及其幼虫。

（九）鱼鲺病

【病原】

病原有四种：日本鲺、大鲺、白鲢鲺、椭圆尾鲺。

【症状】

鱼鲺寄生在锦鲤的体表和鳃上，用大颚撕破表皮，吸食鱼的血液，造成许多伤口，其他病菌侵入而引发其他鱼病；鱼鲺在刺伤鱼体时将分泌的毒素带入鱼体，引起伤口内部组织溃烂，并刺激病鱼在水中极度不安，狂游和跳跃，食欲减退，鱼体消瘦，最终死亡。

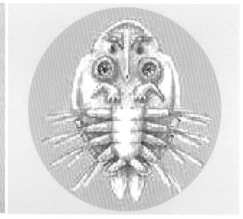

鱼鲺

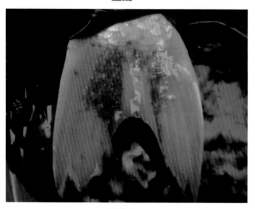

鱼鲺病

【流行及危害】

此病在室外养殖锦鲤时最常见，对鱼种的危害较大。5~9 月较多见，注意观察就能发现体长 5 mm、宽 3 mm 的虫体寄生在鳍上。

【防治方法】

（1）彻底清塘，用生石灰 100 kg/ 亩和茶饼 25 kg/ 亩能杀灭水中的鱼鲺成虫、幼虫和卵块。

（2）用 0.3~0.5 mg/L 的晶体敌百虫 (90%) 全池泼洒，间隔 2 周 1 次，连续 2~3 次。

（3）用 1~2 mg/L 的敌百虫粉剂（2.5%）全池泼洒。

（4）用 4~5 根鲜茼蒿根或秆扎成束，每亩 7~9 束，浸出汁液可治疗鱼鲺病。

（5）用 3% 的食盐溶液浸泡鱼体 15 min（水温 20℃时），鱼鲺最怕盐水，一遇盐水立即离开鱼体体表。

五、其他

（一）锦鲤昏睡病（感冒）

昏睡病又称睡眠病、感冒病，部分技术人员称锦鲤疱疹病毒感染，病因复杂，病原不详。

【症状】

病鱼扎堆、侧翻、横卧、肚皮朝上，皮肤失去光泽，于锦鲤池边扎堆浮在水面，没有精神，或者出现烂身、烂鳃，收鳍、趴底等症状。病鱼可能出现身体肿胀、眼睛凹陷。

【流行及危害】

一年四季均有发生，6 月锦鲤苗种阶段易发病，夏季高温雨后天气易发病。

【预防措施】

首先要提高锦鲤亲鱼和水花的免疫力，肥水下塘；6 月河南沿黄地区水质多呈碱性，发病前用柠檬酸、果酸、维生素 C、微生态制剂、水质改良剂等泼洒调节水质。

【防治方法】

（1）锦鲤得昏睡病后尽快转移到温室内的水泥池内，然后水泥池内用药。用量为：1 吨水 5‰盐 +10 g 黄粉，增氧设备全部打开，净养 7~10 d，不喂鱼、不捞鱼。

（2）1 吨水 5‰盐 + 碧柔空，第一天碧柔空 5 g/t，第二天 3 g/t，第三天 2 g/t。

（3）1 吨水 5‰盐 +1~2 g 二氧化氯活化全池泼洒 2~3 d。

（4）板蓝根大黄散等中草药浸泡 12 h 后全池泼洒消毒。

（二）腰萎病

【症状】

鱼体体形弯曲，游泳时呈扭摆姿态，常为药物使用过量所致，也可能是饲料投喂过量引起。

【防治方法】

锦鲤患这种病比较难治愈，所以应改善养殖水环境，将病鱼放入清洁的大水体中静养。

（三）背脊瘦病

【症状】

锦鲤鱼体消瘦干瘪，背鳍基部肌肉塌陷，背脊薄如刀刃，食欲减退，游动缓慢，抵抗力减弱，容易发生皮肤病，不久即死亡。主要是饲养管理不当引起，如投喂过多的高脂肪饵料或变质饵料，导致消化吸收功能受阻。

【防治方法】

治疗较困难，平时要加强饲养管理，应在饵料中不定期加入维生素 E 予以预防。

（四）机械损伤

【症状】

因捞鱼、运鱼等操作不慎而使鱼受到机械性伤害，损伤后往往会继发细菌、病毒感染或寄生虫病，也可引起锦鲤继发性死亡。机械损伤的主要原因有压伤、碰伤、擦伤和强烈振动。

【防治方法】

（1）首先要改进渔具和容器，尽量减少捕捞和搬运，在捕捞和搬运时操作要小心谨慎；锦鲤室外越冬池底质不宜过硬，在越冬前应加强肥育。

（2）捞鱼时要选择轻柔的工具和手法，如果锦鲤受伤，在伤口处涂抹稍加稀释的红药水，但要注意千万不要涂到鱼的眼睛上。

（3）把受伤鱼浸泡在 1 mg/L 的抗生素（如青霉素、土霉素、呋喃西林等）溶液中。

（4）在人工繁殖过程中，因注射或操作不慎而引起的损伤，可及时在伤处涂抹溴氰菊酯药液，受伤较重的要注射链霉素。

（五）水华（蓝藻）

当池塘水体呈深绿、墨绿、蓝绿等颜色时，在下风口水面上出现由微囊藻、铜绿微囊藻等形成的翠绿色称为"水华"，有人称为蓝藻，会引发鱼类泛池等。

科学肥水，适时注水，增加池水中的溶解氧，使鱼类适口的优势浮游生物种群迅速生长繁殖，是预防"水华"形成的关键。及时加注新水，改善水质，水体透明度控制在 25~40 cm，一般每 10~15 d 换水 30 cm 左右，保持水质"肥、活、嫩、爽"。

【防治方法】

（1）全池泼洒漂白粉，每米水深用量 0.5kg/ 亩，使用于蓝藻初发的池塘。

（2）全池泼洒 $FeSO_4$,第二部分换水，用于蓝藻较严重池塘，但用药后容易出现倒水现象。

（六）水绵

水绵（*Spirogyra communis*）属绿藻门、接合藻纲、双星藻目、双星藻科、水绵属的水生藻类植物，又叫水青苔，在河南省生长期为 6~9 月，喜生于富含有机质的静止水体。水绵为多细胞丝状结构个体，叶绿体呈带状，有真正的细胞核，能进行光合作用。少量的水绵存在表明水体水质比较好，可作为鱼的饵料，但是水绵一旦大量滋生，大片生于池塘底部，或成大团块漂浮水面，造成水中溶解氧降低，水质恶化，则会影响鱼类正常的生命活动；成熟后的水绵老化腐败，死亡时分泌、释放有毒有害物质，造成水体水质进一步恶化，致养殖鱼类生长受到影响。

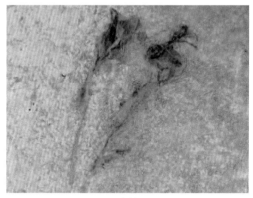

水绵

池塘发生严重水绵

采用物理打捞＋药物的方法进行应急治理，控制水绵；后期通过生态修复治理技术达到提升水质和防治青苔的目的，具体措施如下。

（1）人工打捞。安排人员连续 5 d 在池塘捞水绵，清除大面积的水绵。用小船或浮床拉到池岸上暴晒。

（2）人工打捞的第 2~3 天，晴天上

人工打捞水绵

午 10 时左右用浓度为 0.5 mg/L 的硫酸铜泼洒。如果鱼苗较小，可仅泼洒水绵严重的部分池塘。用硫酸铜杀水绵容易坏水，要及时加水。

（3）在晴天上午，向生长有大量水绵的池塘水面泼洒或投放浓度为 2.3~4.5 mg/L 的二氧化氯，每隔 5 min 投放 1 次，投放 2~3 次，使二氧化氯与水面水绵充分接触 10~15 min，可使水面水绵的结构被破坏，最后自行消解，直至消失，抑制水面水绵的形成与生长，从而控制水绵暴发。

（4）加 15~25 cm 其他池塘的肥水，阻断底层水绵生长，水位保持在 1.5 m 以上，可适当用一些肥水剂肥水。

（5）用腐殖酸钠局部泼洒，目的是减少阳光照射池水，减少藻类的生长。

水中的转板藻、双星藻和丝藻常与水绵纠缠在一起生活，其中双星藻是水绵的近缘种。

水体藻相调整是一个长期治理与管护的过程，治理是短暂的，维护非常关键。为了防止水体绿藻等反弹，需要长期对水体进行维护和提升，多措并举，使水质符合"肥、活、嫩、爽"的要求，为锦鲤生长提供良好的水体环境。